JN274432

EINSTEIN SERIES
volume 9

活きている銀河たち

銀河天文学入門

富田 晃彦 著

恒星社厚生閣

天体の色には，多くの貴重な情報が含まれている．銀河の写真であれば，まず，星の種族に関係する．黄色っぽい色の星は，老齢で，星としては低温であり，種族IIに対応する．青っぽい色の星は，若く，星としては高温であり，種族Iに対応する．楕円銀河は種族IIの星の集合体であり，渦巻銀河はバルジに種族IIを固め，円盤部に種族Iをばらまいていることがわかる．暗黒星雲は，渦巻銀河の円盤部で，星の光を背景に遮光幕のように見えている．星形成領域であるH II領域は，赤く輝いている．その近くには若い散開星団が青白いもやを作っている．渦巻銀河の円盤部は，腕と腕の間にもしっかり星があることがわかる．また腕は，思わぬ外側まで広がっていることがわかる．写真ではわかりにくいが，楕円銀河のハローも，思わぬ外側まで広がっている．カラー写真であればモノクロ写真に比べ，それらを目で追うことが簡単だろう．なお，写真はすべて上が北である．

写真1：さんかく座にあるSAcd型の渦巻銀河，M 33（一辺が1度）．我々の住む銀河系が属する，局部銀河群の中の主要な銀河の1つで，大きさで言えば，アンドロメダ銀河，銀河系につぐ第三位になる（本文表5・1参照）．空間的には，アンドロメダ銀河の近くに位置している．アンドロメダ銀河と違って，銀河円盤がフェイス・オン的に見えている．銀河円盤上の腕をたどることはできるが，はっきりしない．本文図6・6と見比べてほしい．そこにマークしてある天体は，ここではどのような色に見えているであろうか．NGC604は局部銀河群内きっての大規模星形成領域である．なお，活動性はさほど高くないが，局部銀河群銀河の中で最もX線で明るい活動銀河中心核をもっている．[DSS2-B, R]

写真2：おとめ座にある羽毛状（フロキュレント，本文図3・7参照）の腕をもつ，SAbc型の渦巻銀河，M 63（一辺が15分角）．この可視光写真では羽毛状に見えていても，近赤外線画像や，一酸化炭素電波画像では，二本腕の構造が浮かび上がる．M 33 と似た形態だが，それより円盤部を傾けてみる配置になっているので，暗黒星雲帯が円盤部のかなり外側まで分布しているのが見える．
[DSS2-B, R]

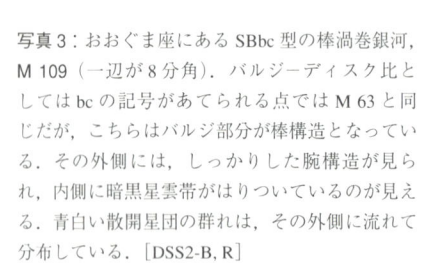

写真3：おおぐま座にある SBbc 型の棒渦巻銀河，M 109（一辺が8分角）．バルジ－ディスク比としては bc の記号があてられる点では M 63 と同じだが，こちらはバルジ部分が棒構造となっている．その外側には，しっかりした腕構造が見られ，内側に暗黒星雲帯がはりついているのが見える．青白い散開星団の群れは，その外側に流れて分布している．[DSS2-B, R]

写真4：おとめ座にあるSABb型の渦巻銀河，M 58（一辺が8分角）．バルジの棒構造はM 63の場合とM109の場合の中間で，バルジ－ディスク比は若干大きめの銀河である．[DSS2-B, R]

写真5：おとめ座にあるSABab型の渦巻銀河，M 90（一辺が15分角）．おとめ座銀河団の中にある．強くはないものの，近隣の銀河との相互作用を思わせる形態の乱れが見える．特に円盤部外側の淡い部分の伸びに注目．さまざまな観測から，最近の中心核スターバーストの経験が示唆されている．一方，この銀河はＨＩガス欠銀河としても知られている（本文図5・15参照）．M 90の北側に，IC 3583という矮小銀河が見える．その青い色と，銀河の中を網状に分布する暗黒星雲帯は，この銀河でのスターバーストを思わせる．[DSS2-B, R]

写真6：りょうけん座にあるSABbc型の渦巻銀河，M 106（一辺が30分角）．上右側にみえるのは，NGC 4248．この矮小銀河も，M 106との相互作用の結果，星形成活動を誘発されたかに見える．写真5や写真6の衛星銀河を見ると，銀河系の横にある大小マゼラン銀河のようである．
[DSS2-B, R, wide]

写真7：おとめ座にあるE2型の楕円銀河，M 60（一辺が10分角）．すぐ上右側に，NGC 4649が迫っている．M 60はガス欠の楕円銀河，つまり，もう新たな星形成はしない銀河だが，NGC 4649にはたくさんのガスが残っていて，それは円盤部を形成していたのだろう．思い切ったように星形成を行い，若い星団が銀河円盤上に同時発生している．
[DSS2-B, R]

写真 8：しし座にある 3 つの銀河の群れ（一辺が 15 分角）．左に M 105（E1 型の楕円銀河），左上に NGC 3384（SB0 型のレンズ状銀河），そして左下に NGC 3389（SAc 型の渦巻銀河）．ガスの豊富な円盤部をもっていたのは NGC 3389 だけのようである．その円盤部は形態が乱され，積極的な星形成が起こっている．この 3 者はいずれ合体して，1 つの大きな楕円銀河になるだろう．しし座には，他に M 65, M 66, NGC 3628 で構成される，しし座トリプレットもある（本文図 5・8 参照）．[DSS2-B, R]

写真9：おおぐま座にある SABcd 型の渦巻銀河，M 101（一辺が29分角）．回転花火の愛称をもつ，美しい姿をしているが，やや形態の乱れも見られる．青い腕をたどっていくと，ずいぶん遠くまで続いている．画面左端近くに，青いしみがみえる．矮小不規則銀河の NGC 5477 である．実はこの写真は，NGC 5477 の研究のために取得した写真である．M 101 の衛星銀河だろう．こういった衛星銀河は，宇宙カレンダー的にいえば最近まで星形成が不活発のまま過ごし，最近になって星形成が活発になったかにみえる．実際ガスの含有量は高く，重元素量は少ない．

写真 1～8 は，宇宙望遠鏡科学研究所が運営しているデジタイズド・スカイ・サーベイ（DSS）のウエブ・サイトで公開されている B バンドと R バンドのフィッツ形式の画像をダウンロードし，アストロアーツ社の天体画像処理ソフトウエア，ステライメージ ver.6 を用いて，以下の処理を行ったものである．
(1) この 2 枚の平均画像を作成した（$B+R$ 画像）．
(2) B 画像，R 画像，$B+R$ 画像の位置合わせをした．
(3) B 画像，$B+R$ 画像，R 画像を，それぞれ R, G, B チャンネルに入れた．
(4) 色の強調と，各画像間での色調の統一を行った．

銀河の色が「青い」あるいは「赤い」といっても，日常生活で経験するような真っ赤や真っ青ということは滅多にない．一方，色は多くの情報を含んでいるので，敢えてわかりやすいように色を強調した．本来なら，G チャンネルに入れるべく緑色帯に近い帯域で撮影された写真データがあればいいが，それがないために，B 画像と R 画像の合成画像を G チャンネル用に使っている．そのために，色の分離が十分ではない．例えば H II 領域が真っ赤に写らないといったことである．なお，強調処理は色のみに対して行った．輪郭強調のような無理な画像再現は行っていない．

写真 9 は，筆者が竹内努，吉川耕司，平下博之，岩田生らと共同で研究した，矮小銀河のデータからものである．木曽観測所の 2K–CCD カメラで B, V, R_c バンドで得られた画像から 3 色合成したものである．画像の整約と 3 色合成は天体画像処理ソフト IRAF で行った．

なお，ここに紹介した銀河を含め，メシエ番号のついた銀河はすべて局部超銀河団内（本文 5 章 5.5 節参照）のメンバーである．

はじめに

　銀河の研究において第一の目標は，銀河の生い立ちとその歩みの理由を知ることである．我々は時間を自由に行き来することはできないので，銀河の中に埋め込まれた記憶を探らないといけない．そのためにはまず，銀河の性質をよく知ることから始めないといけない．また光速の有限性から，遠方の銀河は，その銀河の過去の姿として見えていることになる．この姿を見るために，高性能の望遠鏡とカメラが必要になる．さらに，銀河の世界は多種多様である．全体像を知り，同時に個性も知るためには多くの銀河を調べ回らないといけない．星の数，いや，銀河の数ほどある銀河に対し，1つずつ丁寧に性質を調べていくことを積み上げるしかない．銀河に限らず，天体の性質を研究する際，写真の分析が主要な方法となっている．分析の基礎となる物理的理論，予想や検証のための計算もここに含まれる．というより，物理的理論や計算を基盤として，観測に臨んでいる．写真からどうやって銀河の諸性質を引き出すか．この考え方が，天文学の方法の核心部分である．

　本書では，星の集合体として見た銀河について解説している．銀河は，星，ガス，銀河中心核，ダーク・マターの集合体である．銀河を論じる上で，この4者のどの観点からでも切りこめる．下図は，この4者の互いの関係を記したものである．宇宙全体で見れば，ダーク・エネルギーというものもある．星に重点を置いたのは，この4者のうち，星が我々に最もよく「見える」ものであり，また銀河には多数の星がつまっているため，銀河天文学の入門として，まずこの役者の理解が必要だからである．ガスと星は互いに相の違いであるともいえるので，本書ではある程度，ガスも扱う．銀河中心核は大切な天体で，超巨大ブラックホールと降着円盤の系から成るモンスターである．また，ダークという名がつくと，マターだろうがエネルギーだろうが，宇宙論の議論と密接につながる．しかしこれらは，語るべきことがたくさんあるため，詳細紹介は別の書に譲ろう．

　本書の具体的な読者として，筆者の仕事の経験から，教育学部の学部生・大学院生を意識した．知識の詰め合わせというより天文学の方法に重点を置き，宇宙の話を人に伝えようとする人にじっくりお伝えしたい，と考えた．数式は

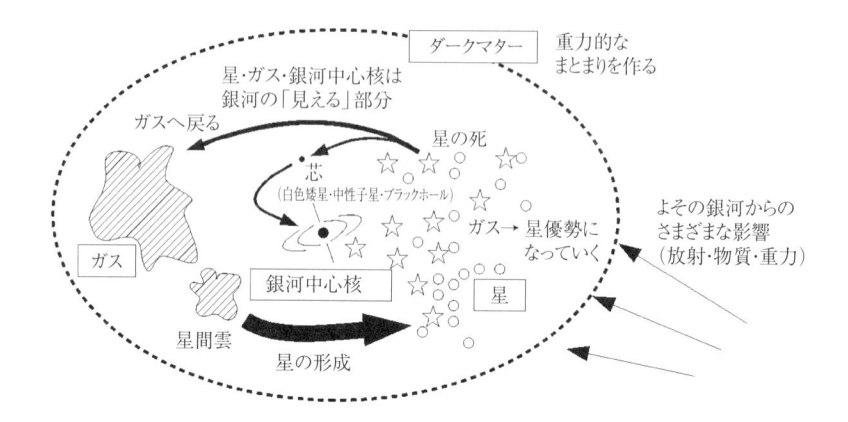

図　銀河にはいろいろな役者がいる．本書は，星を主役として書いた．もちろん星だけで銀河を語りつくせない．

あまり出てこないが，数式が少ないと易しいから，ということで減らしたのではない．筆者なりに学生にじっくり話し込むとすれば，結果的に数式の数がこの程度になった，ということである．数式は自然界を記述するのに，大変優れた言語である．日常あまりつかわないと外国語のままであるが，こんな便利な言語をものにしない手はない．たまたま本書には数式が少ないが，宇宙をもっと理解していくために，数式という人類共通の言語を習得することを強くお勧めする．

筆者

目　次

はじめに …………………………………………………………… iii

CHAPTER1　銀河系と銀河はどこにあるか？………………… 1
1.1　銀河系の発見 ………………………………………………… 1
1.2　銀河の発見 …………………………………………………… 8
　● COLUMN1 ●　天文台の共同利用 ……………………… 14

CHAPTER2　あらためて，銀河系について ………………… 17
2.1　銀河系の姿 …………………………………………………… 18
2.2　星団 …………………………………………………………… 23
2.3　星団の年齢 …………………………………………………… 29
2.4　星の種族 ……………………………………………………… 36
2.5　銀河系地図の作成 …………………………………………… 39
　● COLUMN2 ●　天文台で雨になったら… ……………… 45

CHAPTER3　銀河をひとつひとつ見ていくと… …………… 47
3.1　銀河の形態の分類 …………………………………………… 48
3.2　超巨大銀河と矮小銀河 ……………………………………… 55
3.3　銀河の動径方向の表面輝度分布 …………………………… 58
3.4　渦巻銀河の渦状腕 …………………………………………… 62
3.5　銀河の衝突・合体 …………………………………………… 65
3.6　銀河円盤の回転と質量 ……………………………………… 68
　● COLUMN3 ●　雷 ………………………………………… 75

CHAPTER4　銀河を統計的に見ると… ……………………… 77
4.1　ハッブル系列に沿った色の変化 …………………………… 77
4.2　ハッブル系列に沿ったHα輝線強度の変化 ……………… 80
4.3　ハッブル系列に沿った質量や光度の変化 ………………… 82
4.4　銀河の光度関数 ……………………………………………… 85
4.5　形態―密度関係 ……………………………………………… 86

4.6　タリー・フィッシャー，フェイバー・ジャクソン関係 ………… 88
　　　● COLUMN4 ●　　幻聴，幻覚 ……………………………… 92

CHAPTER5　銀河の空間分布 ……………………………………… 95
5.1　銀河までの距離の測定 ……………………………………… 95
5.2　ハッブルの法則 ……………………………………………… 99
5.3　局部銀河群 ………………………………………………… 102
5.4　銀河団 ……………………………………………………… 106
5.5　局部超銀河団 ……………………………………………… 110
5.6　宇宙の大規模構造 ………………………………………… 113
5.7　銀河団ガス ………………………………………………… 116
　　　● COLUMN5 ●　　どこでもドア ………………………… 119

CHAPTER6　銀河での星形成 …………………………………… 121
6.1　星形成の観測 ……………………………………………… 121
6.2　スターバースト現象 ……………………………………… 130
6.3　中心核スターバースト …………………………………… 133
　　　● COLUMN6 ●　　若手を奮い立たせた手紙 …………… 139

CHAPTER7　銀河の形成と進化 ………………………………… 141
7.1　銀河の形成 ………………………………………………… 141
7.2　統計的に見た銀河の進化 ………………………………… 145
7.3　注目の天体たち …………………………………………… 154
　　　● COLUMN7 ●　　研究発表での大間違い ……………… 159

主な銀河リスト ……………………………………………………… 161
参考文献 ……………………………………………………………… 169
謝辞 …………………………………………………………………… 173

CHAPTER 1
銀河系と銀河はどこにあるか？

　まず銀河系や銀河を俯瞰することからはじめよう．銀河系は，実物をすでに誰もが見ている．それは全天に散らばる星々であり，天の川である．図1・1を見ていただこう．全天の星図は，目で見た通りの夜空を描いている．やや乱暴ではあるが，ある見方でこの星図を見ると銀河系＝我々の住む銀河の姿として見えるのである．しかも，よその銀河まで見えているのである．銀河系やよその銀河を見るのに必ずしも望遠鏡は要らない，インターネットも要らない．必要なのは天文学という見方である．その見方を習得することを，本章の目標としよう．

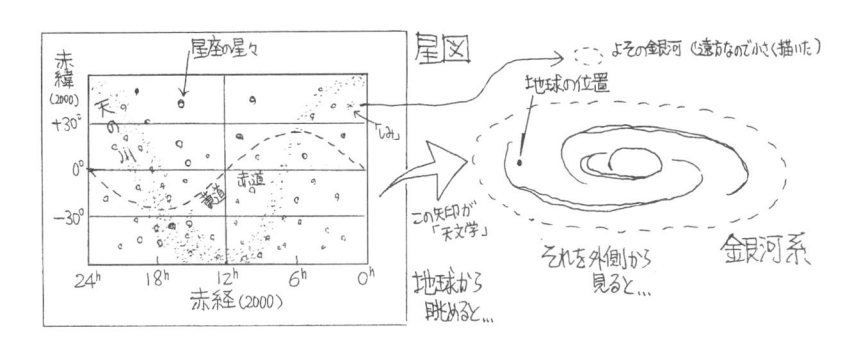

　図1・1　星図をよく見れば，銀河系＝我々の住む銀河が見える．銀河系の外にあるよその銀河も，実は見えている．肉眼で夜空を見まわすだけで銀河の世界を感じ取ることができる．銀河の世界は毎晩見ていた世界でもあったのだ．

1.1　銀河系の発見

　自然豊かなところで夜空を見る楽しみの1つは，淡い光の帯，天の川を見る

CHAPTER1　銀河系と銀河はどこにあるか？

ことだろう．夜空にかかる天の川は，いったい何なのだろうか．宮沢賢治による美しい童話『銀河鉄道の夜』の説明を借りよう．それは，学校の教室での理科の授業での，先生の説明のことばから話が始まっている．一部分を抜粋した．

> ではみなさんは，そういうふうに川だと言われたり，乳の流れたあとだと言われたりしていた，このぼんやりと白いものがほんとうは何かご承知ですか．
> 　（中略）
> ですからもしもこの天の川がほんとうに川だと考えるなら，その一つ一つの小さな星はみんなその川のそこの砂や砂利の粒にもあたるわけです．またこれを大きな乳の流れと考えるのなら，もっと天の川とよく似ています．つまりその星はみな，乳のなかにまるで細かにうかんでいる脂油の球にもあたるのです．（中略）私どもも天の川の水のなかにすんでいるわけです．そしてその天の川の水のなかから四方を見ると，ちょうど水が深いほど青く見えるように，天の川の底の深く遠いところほど星がたくさん集まって見え，したがって白くぼんやり見えるのです．…
> 　　　　　　（岩波文庫 童話集 銀河鉄道の夜 他十四篇 宮沢賢治作 谷川徹三編 参照）

この作品は1920〜1930年代の制作と考えられている．現在，我々が天の川のことを紹介するにおいても，このまま使えるだろう．天にかかる大河ということで，古代の中国では天の川のことを銀河と呼んだ．文芸作品では，今でも天の川のことを銀河と記す場合がある．銀河鉄道は，天の川に沿って走る鉄道，という意味になる．いて座，さそり座のあたりの方向[1]で天の川が最も太く濃くなっており，雄大である（図1・2）．日本は地球上北半球に位置しているため，いて座，さそり座の方向は夏に南の空低く見え，残念ながら地平線からあまり高く登らない．オーストラリアのような南半球に行くと，天の川の一

---

[1] 星座は，地球からの方向を示すものとしても使われる．現在，星座は天球を重なりやすき間なく88区画に分割したものとして定義されている．特定のいくつかの星や，特定の星のつなぎ方そのものを星座というのではない．したがって，オリオン座という星のつなぎ方は正式にはないが，慣習上，オリオン座を示すわかりやすい星のつなぎ方というものはある．天球のいずれの方向も，○○座の方向と表現することができる．

1.1 銀河系の発見

図 1・2 夏の南の空の「お約束」の星景．右側にアンタレスを中心に大きな S 字を描くさそり座，左側に南斗六星を宿すいて座，その間を左上から右下に流れる太い天の川，という構図は天体写真家には大人気．写真は津村光則氏の厚意による（和歌山県，護摩壇山にて 2004 年に撮影）．

番濃い部分が天高く登るところを見ることができる（図 1・3）．天の川はいて座，さそり座の方向だけに見えるのではなく，天球に大円を描いて一周している．天の川の全天一周を図 1・4 に示した．

科学の発展の過程で，用語が混乱することがよくあり，銀河という語も例外ではない．天文学では現在，厳密には天の川と銀河を同じ意味で使ってはいない．以下，天の川，銀河，銀河系という語を，銀河系や銀河という天体を認識した歴史と合わせて説明していくことにしよう．

ルネッサンスに沸く 17 世紀のイタリアで，科学史に残る研究者が登場した．ガリレオ・ガリレイである．オランダで遠くを見ることができるめがねを作った人がいるといううわさを聞きつけ，それでは自分もということで，レンズを組み合わせて望遠鏡[2]を自作した．そしてそれを天に向け，星界を人々に報告したのであった．もちろん天の川にも望遠鏡を向け，それが無数の暗い星の集

---

[2] 今日，ガリレオ式望遠鏡と呼ばれている，対物レンズに凸レンズ，接眼レンズに凹レンズを用いた屈折望遠鏡．接眼レンズにも凸レンズを用いたケプラー式望遠鏡と呼ばれるものが，現在の屈折望遠鏡の主流．

CHAPTER1　銀河系と銀河はどこにあるか？

図1・3　南半球で撮影した，天の川のもっとも濃い部分の写真．写真は津村光則氏の厚意による（オーストラリアにて2003年に撮影）．

まりであることを明らかにした．ガリレイは最初に望遠鏡を作った人ではないが，すぐに自作し，熱心な天体観察とその詳細な報告を行ったという点から，望遠鏡利用の最初の科学者といえるだろう[3]．

　18世紀に入ると，太陽系の仲間が増えてきた．天王星という「新惑星」の発見であり，それはイギリスのウィリアム・ハーシェルによる功績であった．

---

[3]　この天体観測は1609年に始められた．その400年後を記念し，2009年は世界天文年として世界中で天文教育普及活動が展開された．

1.1 銀河系の発見

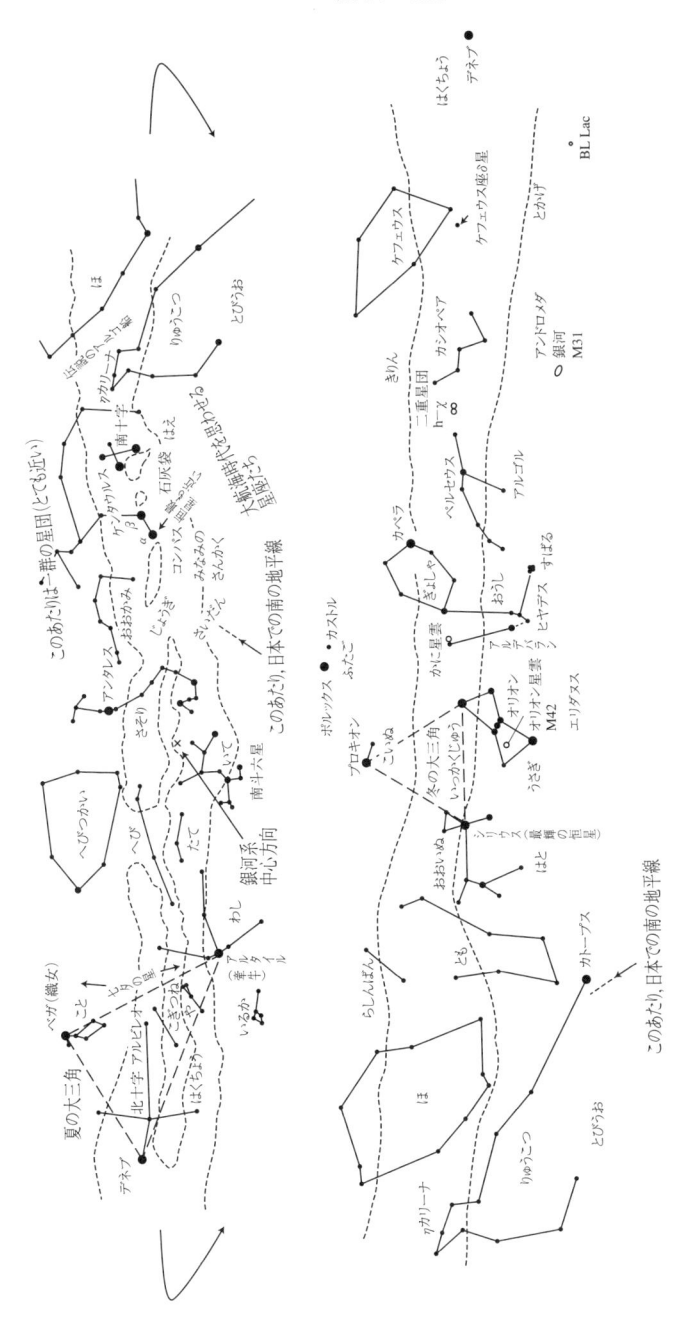

図1・4 天の川は天球を一周している。夏の大三角、冬の大三角を走り抜ける。

CHAPTER1 銀河系と銀河はどこにあるか？

ハーシェルはまた，星の分布の立体地図，すなわち地球から見て夜空のあちこちに見えている星を，「その外側」から見たであろう分布図を描こうと考えていた．星までの距離を測る方法がまだ確立されていなかったので，ハーシェルはある工夫をした．星の明るさが互いに等しいとすると，明るい星はより近くの，暗い星はより遠くの星と考えることができる．さて星が空間に一様密度に分布し，望遠鏡でその分布の端まで見通しているとすると，視野内に見えている星の数は，その方向の星の分布の奥行きの3乗に比例することになる（図1・5）．さっそく空を細かな領域に区分し，それぞれの領域で星の数を勘定した．星の数は場所によって違い，それを星の系の広がりの奥行きに換算した．それを図に示したのが図1・6で，図1・7には，読みとり方を示した．

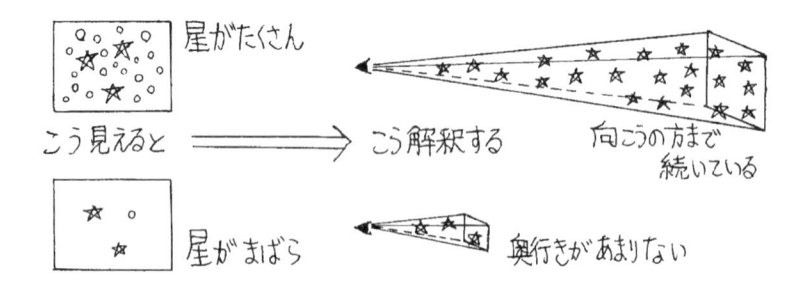

図1・5 星がたくさん見えるということは，その方向に，より向こうの方まで星が分布しているとハーシェルは解釈した．奥行きの3乗，すなわち体積的に比例して，見える星の数が増えると考えることができる．こういう見方は，天文学で多用する「統計的手法」の1つである．

図1・6, 1・7を見ると，星の分布は円盤状で，その中心面は天の川になっているところである．天の川の見える方向には多数の星があるので，深い奥行きとして勘定されたのである．地球から見て，天の川が作る面の垂直方向（日本からは，春の星座の天頂方向，秋の星座の南の空低くに相当）には星はまばらで，円盤体の厚み方向はたいしたことがないことになる．実際この図では，円盤体の直径と厚みの比は約5:1になっている．太陽の位置[4]は，この円盤体のほぼ中央に描かれている．地球から見て全天どの方向にも星が見えるた

---

[4] 地球の位置も含めて，太陽系の位置という意味．夜空の星ひとつ，そして図1・6の中の点ひとつは，太陽系全体と同等の階層のものである．

1.1 銀河系の発見

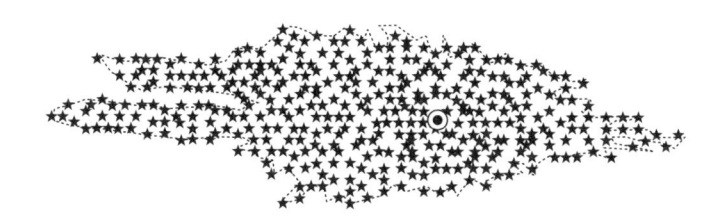

図 1・6　1785 年発表のハーシェルによる銀河系の地図を描きなおしたもの．円盤状の星の分布を，その赤道面に対して垂直に切った断面図．太陽の位置（中央近くの丸印），すなわち地球の位置をほぼ中心とした，天の川方向に膨らみをもつ円盤体になっている．

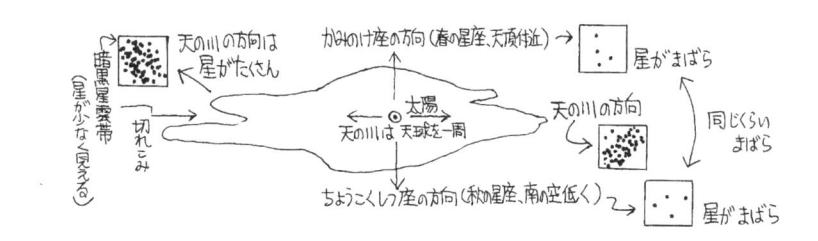

図 1・7　図 1・6 で示した「ハーシェル宇宙」の読みとり方．夜空に見える星を全部 1 つの体系の中に押し込めている．星空をはじめ，多様な世界に見えるものを，このような「統一的な絵」として描こうとすることは，天文学が目指す方向の 1 つである．

め，この円盤体の内部に太陽があるのは当然となる．地球から見て天の川は全天一周して見えているので，図上，太陽は円盤体の左右方向の中央付近にあっても不思議ではない．天の川が作る面に垂直な両方向では，星のまばらな度合いは同じくらいになっているので，図上，太陽は円盤体の上下方向の中央付近にあることになる．天の川の中の，今日，暗黒星雲帯と呼ばれている部分（図 1・3 参照）では，背景の星が十分見通せずに見える星の数が少ないため，図上，円盤体に深い溝を刻ませている．以上が，ハーシェルの宇宙と呼ばれている体系である．地球から天の川（＝銀河）として見えていたものは，外側から見下ろすと，円盤体の構造をもつ星の大集合体「銀河の系」だったということがわかったのであった[5]．このハーシェルの「銀河系」像は 20 世紀まで受け継がれていった．オランダの J. C. カプタインによって，より精密な計算で改

訂されたのがその頂点だったといえる．以下では，図1・6のように示した銀河系像を，「ハーシェルやカプタインによるモデル」と呼ぶことにする[6]．

　ハーシェルもカプタインも，銀河系を現在知られているものよりずっと小さいものと考えていた．宇宙空間は完全に真空ではなく，非常に希薄とはいえガス（主に水素から成る）が分布し，その中にダスト[7]が浮かんでいる．ダストは光を吸収したり散乱させたりするため，ダストの量に応じ，ある程度の空間距離を旅すると，光はそれ以上突き進めなくなる．これを星間吸収と呼んでいる．天の川の面（銀河系円盤の中心面）はダストの密度が高く，太陽系を中心としたある半径以内しか見通せない．図1・6の「切れ込み」が，見通しの悪さを物語っている．今になって思えば，銀河系円盤の，太陽系を中心としたある範囲内を切り取っていただけだったのだ．ただ当時は星間吸収の見積もりが難しかったので，「広大な」銀河系にまですぐには至らなかったようだ．現在の銀河系像は，銀河というものを認識する歴史と合わせてでき上がっていったのであった．

1.2　銀河の発見

　1920年4月26日，アメリカ国立科学院の年会で，H. シャプレーとH. D. カーティスによる討論会が行われた．銀河系の大きさ，そして「渦巻星雲」が銀河系の中にあるか外にあるかが討論の観点であった．星雲という語は，星のように点像ではなく，淡く広がって見える天体を総称して使われていた．渦巻状の形態をもつ星雲を渦巻星雲と呼んでいたが，これは現在，渦巻銀河（3章で詳述）と呼ばれているものである．シャプレーは，銀河系はハーシェルやカプタインのモデルよりずっと広大で，銀河系円盤の不可視部分が大きく（現代の

---

[5] ハーシェルの方法は，ひとつひとつの星がどこに位置するかについて大変不正確だろう．星の個性が大きいため，星がみな同じ明るさという仮定がやはり乱暴だからである．しかし星の系全体がどういう形状の構造体をもっているかについては，かなり当たる．つまり，星の個性に影響されにくい．「統計的方法」の威力である．
[6] 18世紀のハーシェルの仕事と20世紀のカプタインの仕事を一緒にするとは何と乱暴な，という意見があるだろう．直接見える星の観測をもとに組み上げた銀河系像として，ここではひとまとめにした．
[7] 固体の微粒子のことで，日本語で記せば「塵（ちり）」．炭素（すす），ケイ素（小さな砂粒），氷やその他の重元素などからできている．

1.2 銀河の発見

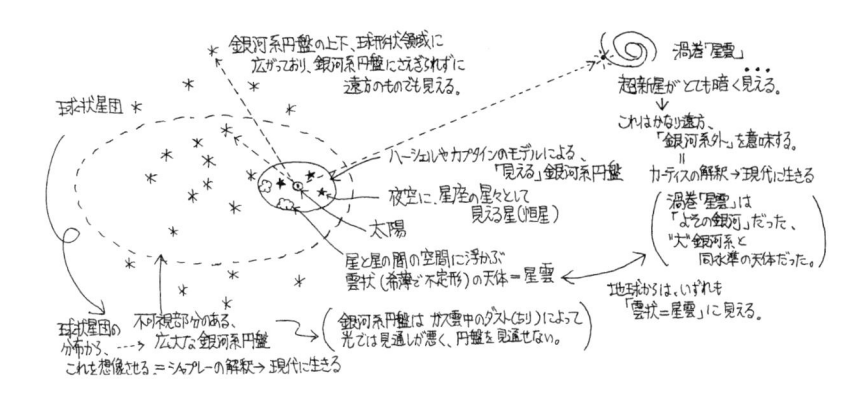

図1・8 現代に生きる，銀河系や銀河についてのシャプレーとカーティスの見方．シャプレーは球状星団を見て，広大な銀河系があることに気がついた．カーティスは銀河の中の超新星に注目し，「渦巻星雲」は遥か遠方にある巨大天体であることに気がついた．

描像に一致，ただしシャプレーの見積値は現代から見れば過大)，そして渦巻状の星雲は銀河系内の小さな天体であると主張した（現代から見れば誤り）．カーティスは，銀河系はハーシェルやカプタインのモデルで示されている大きさで（現代から見れば誤り），渦巻状の星雲は銀河系外にある，銀河系と同格の天体（現代の描像に一致）と主張した（図1・8参照）．

シャプレーが，銀河系はハーシェルやカプタインのモデルより広大な体系であると考えた根拠が，球状星団の分布であった（2章で詳述）．また渦巻状の星雲を小さな天体と考えた根拠は，それが大きな回転角速度をもつという観測結果を当てにしたからであった．現在，渦巻銀河の回転は1億年で1周程度のものであると知られている．実際の銀河回転角速度は非常に小さくなるので，時間をおいて撮影された写真の比較から測定できる量ではないはずだが，測定誤差が災いしたのか，A. ファンマーネンは時間をおいた写真の比較から渦巻星雲の回転が直接見えると発表したのだった．見かけの回転角速度が速いということは，その天体の大きさは実際には小さく，そして近距離にある天体であることを意味していた[8]．一方カーティスは，渦巻星雲に多くの新星（突然光りだす星，実際には星の最期の姿の1つである超新星爆発）が出現していることに注目していた．これが銀河系内で普通に見つかっている新星より非常に暗

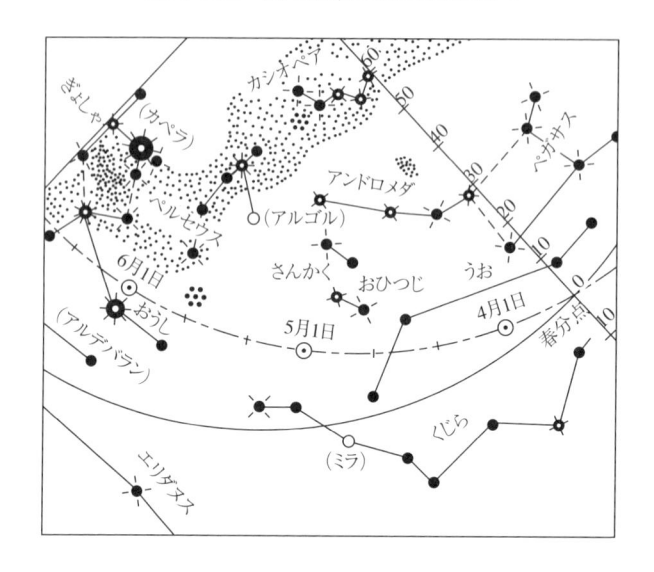

CHAPTER1 銀河系と銀河はどこにあるか？

図 1・9 アンドロメダ座にある，「謎」の光芒．ペガスス座の四辺形の左側，アンドロメダの星の並びの中ほどやや上に位置するところにある．暗い夜空なら，肉眼でもはっきり見える．（日本天文学会編集，三省堂「ジュニア星座早見」より転載）

く見えており，それは渦巻状の星雲が遥か遠方にあるからであると解釈したのだった．銀河系は，ハーシェルやカプタインのモデル程度の小さなものか，もっと巨大な体系か，そして渦巻状の星雲は銀河系内の構成物か，銀河系外にある銀河系と同格の天体「銀河」なのか，討論会では明確な結論は出なかった．

この論争に決着をつけたのは，銀河の研究で数多くの成果をあげた，アメリカのエドウィン・ハッブルだった．アンドロメダ座の方向に見える光芒，「アンドロメダ星雲」（図 1・9，1・10 参照）の中に，セファイドと呼ばれる，距離を測るために使われる変光星を発見し（銀河までの距離の測定方法については 5 章で説明），そこから距離を 300 キロパーセク（kpc）以上と見積もったのだった（1 パーセク（pc）は 3.26 光年，1 kpc は 1000 pc．現在，この距離は

---

[8] 銀河のスペクトル写真をとり，その中の線スペクトルの波長を詳細に調べることで，銀河の回転実速度がすでにわかっていた．この方法については，3 章 3.6 節を参照．一方，回転実速度は回転角速度×回転半径なので，回転角速度が大きいということは，回転半径が小さいということになる．実際の半径が小さいということは，見かけの大きさ（大きさというより角度）は変えようがないから，近距離にあるということになる．

1.2 銀河の発見

図1・10 アンドロメダ銀河の望遠鏡写真（DSS2-R, wide）．天の川の外にある，よその天の川，ということになる．アンドロメダ銀河の中に住む知的生命体は，そこでの天の川を見るだろう．その天の川のそばにあるだろう「しみ」＝銀河系を見て，その生命体も銀河の世界を認識するだろうか．アンドロメダ銀河の周りを回る衛星銀河（伴銀河）も2つ見えている．図の右上はNGC 205，左下はM 32．なお，こういう銀河の写真を見た際，銀河の周りに無数に散らばっている星は，すべて銀河系内の星であることに注意．銀河は，これら星々を前景として，遥か向こうにある天体である．そう考えると，銀河の巨大さも感じることができるだろう．

700 kpcと改訂されている）．

　銀河系の大きさは，大きく見積もって数十kpcと考えられていた（現在は30 kpcと見積もられている）ので，その天体は銀河系外のものということになる．「アンドロメダ星雲」が「アンドロメダ銀河」になった時であった．また，R.J.トランプラーらの研究により，銀河系内の星間吸収は無視できない量であることがわかり，銀河系円盤の不可視部分は広大に広がっていることは，ここからも示唆されてきた．アンドロメダ「星雲」をはじめ「渦巻星雲」が，銀河系外の，銀河系と同格の大きな天体であることも確認されてきた[9]．天の川の外に，よその天の川があったのだ．

　現在，銀河系外にある銀河系と同格の天体を銀河（galaxy）と呼んでいる．我々の住む銀河（our Galaxy）のことは，これまで通り銀河系（the Galaxy）と

呼んでいる．多数の銀河を束ねる系を銀河系，ではない．銀河系の中にいて銀河系を内側から見ると，天の川（Milky Way）という構造が見える．銀河系のことを天の川銀河（Milky Way Galaxy，単に Milky Way）とも呼んでいる．「銀河」は普通名詞として，そして「銀河系」は固有名詞として使っているのである．

　ハーシェルやカプタインのモデルの銀河系像は，現代の銀河天文学から見れば歴史的に扱われるものだろうが，肉眼で夜空を楽しむとき，その宇宙像を直接体感することができるものでもある．それは，我々の目に直接映る世界を基に構成した世界だからである．天の川を以下のように考えながら見ていけば，奥深い銀河系円盤を感じ取ることができるだろう．

　天の川を遠景と考えると，星座の星々として見えているものは近景ととらえられる．夜空に見える星座の星々は全て天の川の中の，近くの星だったのだ．明るい星ほど統計的には近くにあるだろうから，1等星はかなり近距離の星ということになる．とはいえ，1等星であっても天の川に近いところに多いことにも気がつくだろう．ということは，銀河系はかなり扁平ということになる．天の川は天球一周しているとはいえ，冬の天の川より夏の天の川の方が濃いというように，濃淡の全体的な傾向がある．ここから，我々がこの扁平な構造体の完全な中心ではなく，少なくともややずれたところに位置していることがわかる．図1·6で，太陽の位置が完全に中心にないことにも注意したい．図1·11に，天の川の見える方向についてわかり易くまとめた．世界天文年2009では，君もガリレオ・ガリレイになってみないか，という活動があった．ガリレオ・ガリレイになって天の川が星の集合体であることを知ったなら，あらためて満天の星空と天の川を全体として見て，君もハーシェルやカプタインになってみないか．

　宇宙像を描くとき，中心に据える天体として最初は地球が考えられていた．

---

9) 銀河系の外にある星雲状に見える天体という意味で，銀河系外星雲（略して系外星雲）という名称も使われたことがある．「銀河系外星雲」は銀河のことであり，銀河系内の星雲（こちらは星雲と呼ばれ続けている）とはまったく違う天体である．「系外銀河」という言葉もある．当たり前だが，系内銀河という天体は存在しようがない．本書で「系外」といえば「銀河系外」の意味だが，太陽系の研究をしている場合，「系外」は「太陽系外」を意味する．ついでに紹介すると，銀河はかつて，「小宇宙」あるいは「島宇宙」という，大変美しい呼び名で呼ばれたこともあった．島宇宙とは，よく言い表しているではないか．

1.2 銀河の発見

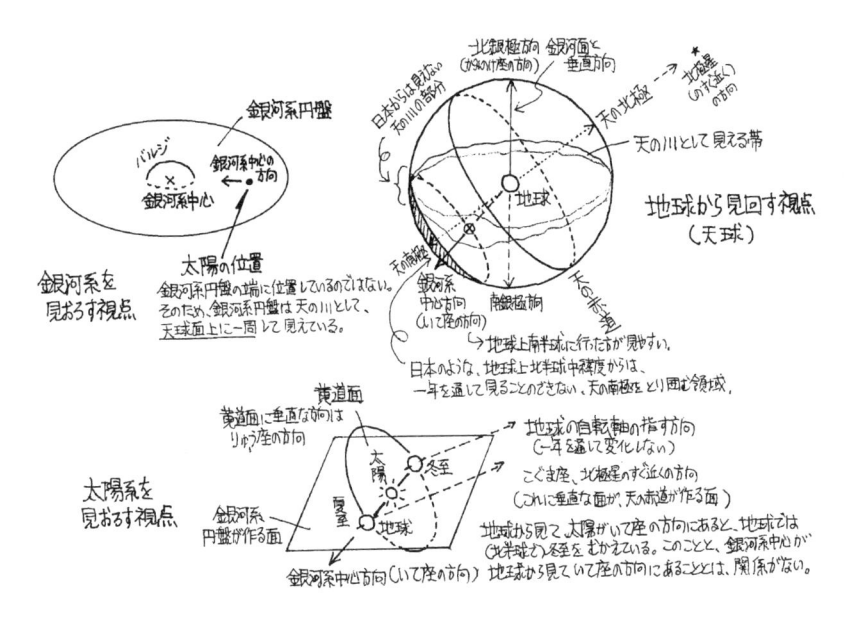

図1・11 なぜ日本からは天の川が一周全部見えないのか,天の川の面,天の赤道,黄道はどういう関係になっているのか.混乱している人のために説明図を用意した.

しかしポーランドの天文学者ニコラス・コペルニクスを始めとする多くの科学者の研究から,これは太陽に置きかわることになった.銀河系の研究が進むにつれ,太陽も銀河系の端に追いやられていくことになった.20世紀のなかば以降は銀河の群れの研究が進み,銀河団,超銀河団,宇宙の大規模構造が認識されてきた.銀河系も,局部超銀河団という大きな銀河分布の構造体の端にいることがわかってきた.コペルニクス的転回は,その後の天文学の発展の中で何度も起こったのであった.

● COLUMN1 ●

天文台の共同利用

　国内外の第一級の天文台は，共同利用という運営を行っている．まず，天文台は研究者から年に1度あるいは2度，研究課題を公募し，その課題は，専門の審査員によって厳しく審査される．後日，申請者には，審査員からの厳しい意見が満載のお手紙を頂戴する．申請者に対して，審査員名は匿名である．また審査員は，審査しているということの口外を禁じられている．この審査に合格すれば，研究者は，データ取得のために天文台利用時間の割り当てをもらうことができる．多くの研究者がこのようにして天文台を利用しあう方法を，共同利用と呼んでいる．

　時間の割り当てをもらって天文台に滞在すれば，共同利用の訪問者だから客としてサービスを受ける，という気持ちではいけない．貴重な望遠鏡利用時間を頂いたからには，審査に合格しなかった研究課題があったこと，そして天文台の運用に税金が投入されていることを考えながら，研究をしっかり進め，公表しないといけない．これが共同利用者としての一番の貢献である．とはいえ，この点で筆者は誠に顔から火が出る思いである．

　天文台では，望遠鏡を使ってのデータ取得だけでなく，データ解析や数値シミュレーションなどのための計算機利用，機器開発や研究会開催に対する支援も共同利用として運営される．また，いくつかのチームが並行して共同利用の滞在をしているのが普通である．だからいつも天文台内はにぎやかで，天文台の職員，他の共同利用者との良い人間関係構築は当然である．また，滞在中は一般見学者への対応でも気が抜けない．そして，研究成果をひろく広報することに協力する義務がある．なぜなら，天文学に興味のある人たちがたくさんいるということは，天文学研究のための重要な環境であるからである．また，共同利用研究者による研究集会や天文台運営の検討会も毎年開かれる．共同利用の研究者になったということは，共同して天文台を盛り上げるということである．世界中の天文学研究者が，ともに，世界中の天文台の研究者，ということなのである．

天文台の共同利用

　筆者が大学院生になって天文台にお邪魔し始めた時，このような共同利用を知って，天文台に対する印象が一変した．人里離れたところにひっそり立つドームに，孤独を愛する人が静かに星を見て…とは正反対である．人里離れているというより，高所，また低湿度のところにある，と表現した方が適しているだろう．また，このような印象を大学院生の時にもっていたと書いたのは，大げさかもしれない．しかし，共同利用という環境の中で自分自身の職業意識が醸成されていったのは間違いない．天文台の共同利用は，社会人としての能力を鍛えられる素晴らしい環境であると，筆者は考えている．

CHAPTER 2

あらためて，銀河系について

　本章では銀河系の姿のあらましを紹介しよう．後に示す図2・2のような銀河系の図をよく見かける．しかし我々は銀河系を外から見ることができない．太陽系を脱出しようとする探査機はあるが，銀河系を脱出する探査機はない．太陽系より銀河系の方が1億倍くらい大きいからである．また，どんな大望遠鏡といえども，観測者の位置を変えることはできない．

　この図で示すような銀河系の姿は，多くの観測とその解釈を積み上げてできあがってきたものである．そのうちの基本的なものを紹介する．それを図2・1にまとめて示し，このような情報から図2・2の姿を描き上げていくことを，

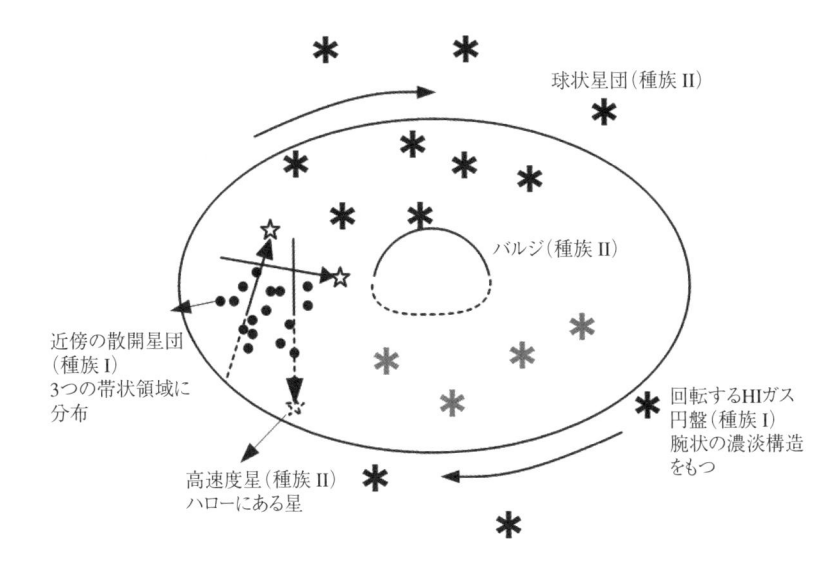

図2・1　本章で紹介する情報の概略をまとめて描いた．この図から図2・2ができあがる．その間をつなぐのは，天文学である．

CHAPTER2 あらためて，銀河系について

本章の目標としよう．

2.1 銀河系の姿

銀河系の姿は，現在図2・2のようなものと考えられている．ただし細かなところはわかっていない．特にこの図では，中心部の形状や腕の本数については簡略化して示してある．ある部屋にいると，窓の外を見て隣の建物の形を知ることができても，自分のいる建物の形がよくわからない．それと同様，銀河系の姿や大きさには，まだ不明の点が多く残っているのである．皮肉なことに，よその銀河の方が大きさや形状がよくわかるのだ．逆に，よその銀河の研究を通して，銀河系の研究を進めるという方法もある．銀河系は，1000億個程度の星とガスから成る大集合体と考えられている[1]．質量比でいえば，星とガスは 10：1 程度と推定されている[2]．

図2・2で示したように，銀河系は大雑把にいって，薄い円盤と，中央部の

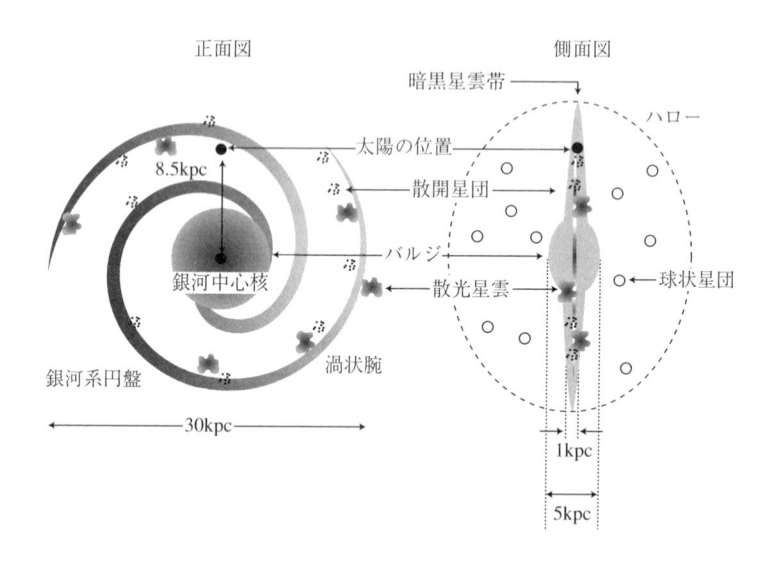

図 2・2　銀河系とその姿の模式図．ここに示す銀河系の姿は，数々の観測とその解釈の結晶である．

---
[1] 本書で星と書いた場合，太陽のような恒星を指している．

2.1 銀河系の姿

ふくらみのバルジ，ハロー（円盤部を取り囲む球形状領域）の3者から成っている．太陽は銀河系円盤上にあり，中心から離れた所に位置している．太陽の中心からの距離は 8.5 kpc（キロパーセク），回転速度は 220 km s^{-1} と推定されている．ただしこれらの値は測定が難しく，特に太陽の銀河系中心からの距離は今でも難問となっている．それはさておき，ここから計算すると太陽は銀河系を一周するのに2億年かかっていることになる．太陽系は誕生から50億年ほど経過したとされているので，その間に太陽系は銀河系を約25周した計算になる．また一公転前は2億年前で，地球では中生代という時代であったことになる．銀河系円盤の薄い円盤形状は回転支持によるものであり，バルジやハローは全体として統一した回転運動が見られず，球形の形状をもっているものである．円盤上には渦状腕が発達している．腕は星やガスの密度が若干高くなっている場所であり，また新しい星の形成場所にもなっている（3章3.4節で詳述）．2.2節で紹介する散開星団や，その散開星団を生みつつある H II 領域（星形成領域の輝線星雲のこと）は，銀河系円盤上の腕におおむね沿って分布している．側面図で示したように，円盤部中央面にはガスの降着が進み，一部は高密度の分子雲となっている[3]．分子雲は，天の川の中心線に沿った暗黒星雲帯としても見えている[4]．星の分布より星間雲の分布の方が銀河系円盤垂直方向の速度分散が小さいので，天の川を見ると，星の光が作る太めの帯の背景にした細い黒い帯ができ，ハーシェルの銀河系像での深い切れ込みとなっていた．なお，図2・2では誤解を招きそうだが，腕と腕の間にも星やガスはしっかり存在している．腕は見た目には目立つが，円盤の構造体ということが基本である．

---

[2] 星といえば恒星，と書いた．恒星は巨大な，高温高圧のガス体である，と説明される．となると，星とガスは「ガスとガス」ではないか，ということになる．これは程度問題である．単にガスと書けば，星とは比べ物にならないほど広い空間に不定形に広がり，低密度なものを指す．温度は，大変高温のものから大変低温のものまである．なお，日常でガスといえば有毒であるという印象が先に来るが，天文学でガスといえば気体であることを指す．主成分元素は普通，水素である．

[3] ある程度高い密度になってくると，水素原子と水素原子が出会って水素分子となる．我々は普段，分子に囲まれていて分子という「相」は当たり前だが，宇宙空間では，分子が実現するほど「高密度な」星間雲，ということなのである．なお，分子雲では水素分子（H_2）が主成分だが，一酸化炭素（CO）をはじめとしてさまざまな分子が存在し，電波望遠鏡で多種多様な分子からの電波発光がとらえられている．

CHAPTER2　あらためて，銀河系について

　バルジの中心部には銀河中心核と呼ばれる天体があり，銀河系はもちろん，それなりの大きさの銀河には，すべて存在すると考えられている．銀河中心核というものは，一般の星とはかなり違った天体の系であり，その真ん中には超巨大ブラックホールが座っていると考えられている[5]．銀河系中心付近の星やガスの運動を調べていくと，中心のごく小さな領域に大きな質量がないと説明できないような高速運動が見つかる．この半径と質量から超巨大ブラックホールの存在が示唆されている．この超巨大ブラックホールの周囲にガスが降着すると降着円盤[6]が発達し，ここから大きな放射が出るようになる[7]．降着円盤の垂直方向に高速の噴出物が出ることもある．こういう現象を起こすと，活動銀河中心核と呼ばれる．ブラックホール単体は超巨大であっても光りようがないが，降着円盤は強い放射源になるのである．あまりに小さな領域からの強いエネルギー放射を説明するのに，光度の高い星を狭い領域に押し込んでもエネルギー源として勘定が合わない．降着円盤の「光り方」は星の場合に比べて非常に効率が良いことがわかっている．ところで現在，我々の銀河系では中心核はそれほど活動的にはなっていない．超巨大ブラックホール周辺のガス供給が，現在は小さいのだろう．

　ハローにも存在密度が希薄ながら星がある．また2.2節で紹介する球状星団が点在している．ここではガスは高温ガスとして存在している．一般に，ガス

---

[4] 分子雲は可視光で見ると，背景の星の光をさえぎる暗黒星雲となっている．分子が可視光をさえぎるのではなく，分子雲の中のダストが可視光をさえぎる．分子雲ではガス密度が高くなることに応じて，ダストの密度も高くなっている．またダストが安定して存在できる環境にもなっている．分子雲中は，過酷な星間環境から退避できる環境でもあるのである．星間分子は電波で発光するので，分子雲は電波で見ると自ら光る天体である．天体が熱的に発光する際，天体の温度と，放射電磁波の典型的波長は逆比例の関係にある．分子雲はとても低温なので，その波長はとても長く，電波として観測される．一方，星はずっと高温なので，電波に比べてずっと短波長である可視光で観測できる．なお，暗黒星雲（ダーク・ネビュラ）はダーク・マター（暗黒物質）の星雲ではない．暗黒星雲をつくっているガスとダストは，いわゆる通常物質である．

[5] 大質量星の最期の姿の1つとして，ブラックホールの形成がある．これは星1つ分から形成されるので，たかだか太陽質量の数倍程度のものである．超巨大ブラックホールは太陽質量の百万倍にまで達するのではないかと思われるものである．形成過程は現在議論中であるが，多数のブラックホールの合体による成長と考えられている．

[6] 降着した物質によってその天体の周囲に発達する回転円盤のこと．

[7] 電波からガンマ線に至るまで，ありとあらゆる電磁波が放出され，条件がよければ可視光でも明るく見える．ブラックホール周囲の降着円盤は極度に回転速度が速く，超高温の円盤となり得る．そうなれば，これが強力に光る．

2.1 銀河系の姿

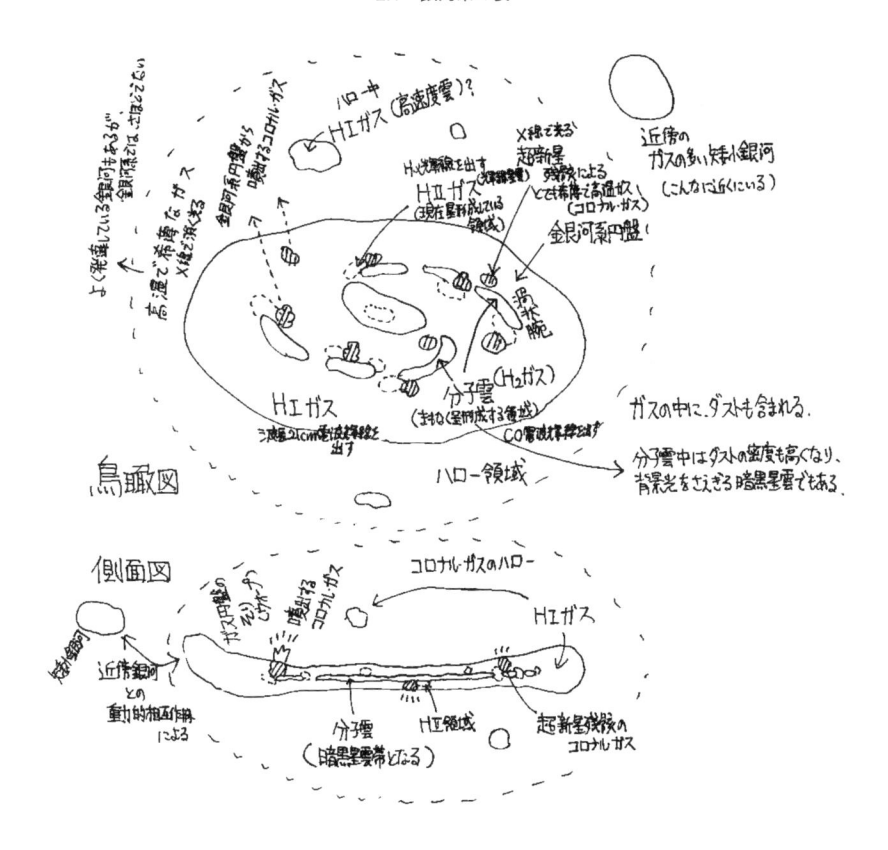

図2・3 ガスで見た銀河系.見慣れている図2・2は星で見た銀河系であった.

は低温だと原子（主に水素原子，H I）[8]，それが高密度になると分子（主に水素分子，H_2）になり，銀河系円盤内に降着している．星形成領域周囲では水素は電離したイオン（H II）となっている[9]．ハローでは，非常に高温で非常

---

[8] 電離していない電気的に中性の水素原子を H I（エイチ・ワン），一階電離の陽イオンになった水素イオンを H II（エイチ・ツー）と表記する．分光学の古い表記法によるもので，一般には H，H^+ と表記されているものである．水素原子2個からなる水素分子 H_2 も，読めばエイチ・ツーで，ややこしい．

[9] 星形成領域は，H II 領域としても観測される．H II 領域は H II ガス（H^+ ガス）が占めている，輝線星雲である．水素を H II ガスにさせているのは，生まれたばかりの高温の星，O 型星である．O 型星は大変短寿命であり，O 型星があるということは，星形成の最中という解釈となる（2.3節参照）．

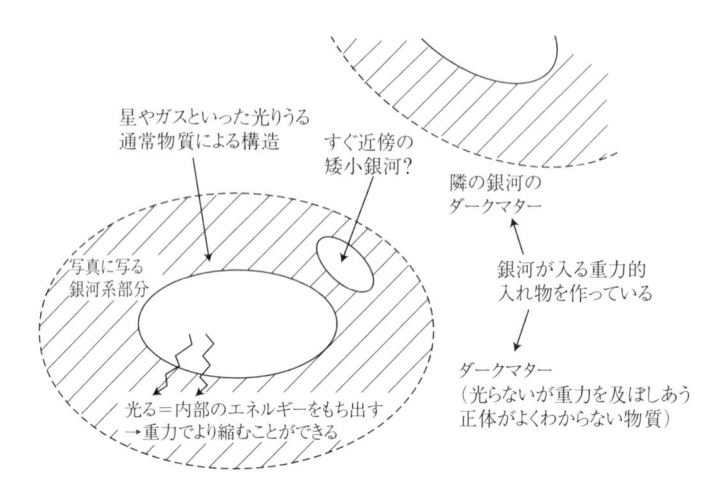

CHAPTER2 あらためて，銀河系について

図2・4 ダーク・マターで見た銀河．ダーク・マター・ハローの中に，「見える」銀河が沈殿している．ハローは，星の観点からは，球状星団や高速度星が飛びまわる領域であり，ガスの観点からは，コロナル・ガスに占められ，ところどころ高速度雲が飛びまわる領域であり，ダーク・マターの観点からは，それが特に主成分となっている領域である．

に希薄な電離ガス（コロナル・ガス[10]）が分布している．これは，超新星残骸（これもコロナル・ガス）から噴き上げられてきたものが原因ではないか，といわれている．なお，ハローにはサイズの小さいHIガス塊も浮かんでいるらしい．特異的に大きな相対速度絶対値をもち，高速度雲と呼ばれている（図2・3）．

またハローは，3章3.6節で詳しく紹介するダーク・マターが目立ってくる領域でもある．ダーク・マターの分布は，「光る」通常物質の運動状態の解析から推測する．それによると，ダーク・マターは宇宙の中で銀河程度の大きさで塊を作るが，通常物質よりは空間的に一様に分布しているようである．したがって星やガスによって「見えている」ハロー領域の外側部分は，ダーク・マターが主成分となるダーク・ハローになっていると考えられている（図2・4）．

---

[10] H II 領域でのガスよりずっと希薄でずっと高温．太陽大気外層にある，高温で希薄な「コロナ」から連想して付けられた名．

2.2 星団

　星は，個々ばらばらに銀河系内に浮かんでいるばかりではなく，星団という力学的にまとまった系を形成している場合がある．星団は銀河系の構造を解明する上で重要な役割を果たしている．まず，星団そのものの説明をする．

　星団は，その形態から散開星団と球状星団に大別されている．散開星団の代表としては，日本の国立天文台がもつ，ハワイ島マウナケア山頂の口径 8.2 m の超大型望遠鏡名にもなっている「すばる」（プレアデス星団，M 45）[11]，球状星団の代表としては，1974 年にプエルトリコにあるアレシボ天文台から宇宙人へのメッセージの電波送信の宛先にも選ばれたことのある，M 13 を例として写真を挙げておこう（図 2・5，2・6 参照）．表 2・1 に有名な星団のリストを掲げた．

　散開星団と球状星団は，メンバー星数がまったく違っている．これが最大の相違点である．これにともなって，形態や，星団内の星の空間密度が違っている．メンバー星数は典型的には，散開星団は 1000 個程度，球状星団は 10〜100 万個である．大きさは球状星団の方が大きいが，直径で言えば数倍の違

図 2・5　散開星団すばる，M45（DSS2-R, wide）．

図 2・6　球状星団 M13（DSS2-R）．

---

[11] M45 は，メシエカタログの 45 番，という意味．メシエカタログは，18 世紀フランスの天文学者，シャルル・メシエが作成した，星団や星雲（今でいう銀河もここに含まれていた）のカタログ．

CHAPTER2　あらためて，銀河系について

表2・1　有名な星団リスト．メシエ番号がついているものを中心に，双眼鏡でよく観望されるものを取り上げた．

主な散開星団

	赤経	赤緯	明るさ	距離	星座
M103	01 33.2	＋60 42	7.4	8130	カシオペア
ペルセウス h	02 19.0	＋57 09	5.3	7280	ペルセウス
ペルセウス χ	02 22.4	＋57 07	6.1	7240	ペルセウス
M34	02 42.0	＋42 47	5.2	1450	ペルセウス
M45，すばる，プレアデス	03 47.0	＋24 07	1.2	410	おうし
ヒヤデス	04 27.0	＋16 00	0.5	130	おうし
M38	05 28.7	＋35 50	6.4	4020	ぎょしゃ
トラペジウム	05 35.4	－05 23		1480	オリオン
M36	05 36.1	＋34 08	6.0	4010	おうし
M37	05 52.4	＋32 33	5.6	4380	おうし
M35	06 08.9	＋24 20	5.1	2780	ふたご
M41	06 47.0	－20 44	4.5	2090	おおいぬ
M50	07 03.2	－08 20	5.9	3340	いっかくじゅう
M47	07 36.6	－14 30	4.4	1550	とも
M46	07 41.8	－14 48	6.1	5340	とも
M93	07 44.6	－23 51	6.2	3570	とも
M48	08 13.8	－05 48	5.8	2050	うみへび
M44，プレセペ	08 40.1	＋19 59	3.1	520	かに
M67	08 50.4	＋11 49	6.9	2580	かに
かみのけ座	12 25.0	＋26 00	1.8	260	かみのけ
M6	17 40.1	－32 13	4.2	1580	さそり
M7	17 53.9	－34 49	3.3	780	さそり
M23	17 56.8	－19 01	5.5	2080	いて
M20	18 02.3	－23 01	6.3		いて
M21	18 04.6	－22 30	5.9	4010	いて
M16	18 18.8	－13 47	6.0	8980	へび
M18	18 19.9	－17 07	6.9	3920	へび
M17	18 20.8	－16 11	6.0		へび
M25	18 31.6	－19 15	4.6	2320	さそり
M26	18 45.2	－09 23	8.0	4950	たて
M11	18 51.1	－06 16	5.8	5460	たて
M29	20 23.9	＋38 32	6.6	4380	はくちょう
M39	21 32.2	＋48 26	4.6	950	はくちょう
M52	23 24.2	＋61 35	6.9	5100	カシオペア

主な球状星団

	赤経	赤緯	明るさ	距離	星座
M79	05 24.2	－24 31	7.7	41	うさぎ
M68	12 39.5	－26 45	7.8	33	うみへび
M53	13 12.9	＋18 10	7.6	60	かみのけ
ケンタウルス座 ω	13 26.8	－47 29	3.7	17	ケンタウルス
M3	13 42.2	＋28 23	6.2	33	りょうけん
M5	15 18.6	＋02 05	5.7	24	へび
M80	16 17.0	－22 59	7.3	28	さそり
M4	16 23.6	－26 32	5.6	7	さそり
M107	16 32.5	－13 03	7.9	21	へびつかい
M13	16 41.7	＋36 28	5.8	23	ヘルクレス
M12	16 47.2	－01 57	6.7	15	へびつかい
M10	16 57.1	－04 06	6.6	14	へびつかい
M62	17 01.2	－30 07	6.5	22	へびつかい

2.2 星団

M19	17 02.6	− 26 16	6.8	28	へびつかい
M92	17 17.1	+ 43 08	6.4	26	ヘルクレス
M9	17 19.2	− 18 31	7.7	27	へびつかい
M14	17 37.6	− 03 15	7.6	28	へびつかい
M28	18 24.5	− 24 52	6.8	19	さそり
M69	18 31.4	− 32 21	7.6	27	さそり
M22	18 36.4	− 23 54	5.1	10	さそり
M70	18 43.2	− 32 18	7.9	28	さそり
M54	18 55.1	− 30 29	7.6	85	さそり
M56	19 16.6	+ 30 11	8.3	32	こと
M55	19 40.0	− 30 58	6.3	17	さそり
M71	19 53.8	+ 18 47	8.2	12	や
M75	20 06.1	− 21 55	8.5	60	さそり
M72	20 53.5	− 12 32	9.3	55	みずがめ
M15	21 30.0	+ 12 10	6.2	33	ぺがすす
M2	21 33.5	+ 00 49	6.5	37	みずがめ
M30	21 40.4	− 23 11	7.2	26	やぎ

赤経は［時分］，赤緯は［度分］，明るさは見かけの V 等級，直径は見かけの量［分角］，距離は散開星団では［光年］，球状星団では［1000 光年］の単位で示した．データは，散開星団については Catalogue of Open Cluster Data 5th ed., Lyngå G. 1987, Lund Observatory より（空欄部分はカタログに記載のないもの），球状星団については A catalog of parameters for globular clusters on the Milky Way, Harris W.E. 1996 AJ 112, 1487（15 May 1997 改訂版）より．

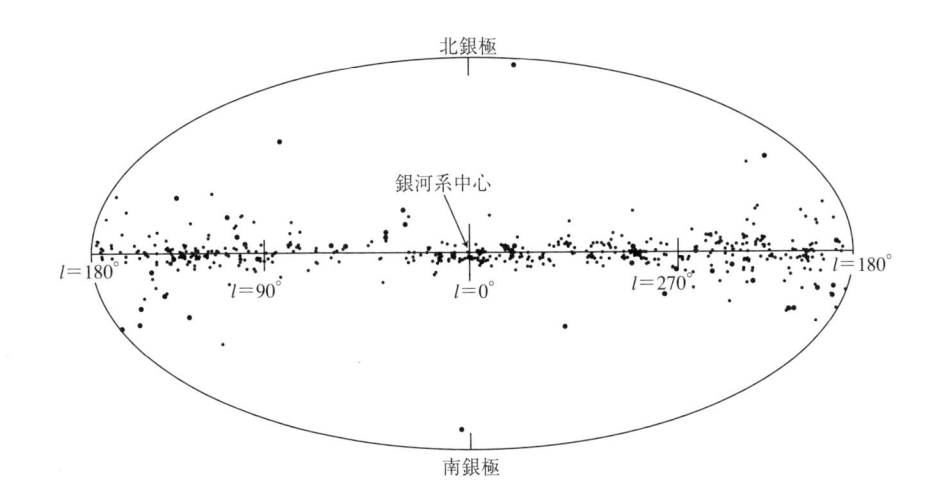

図 2・7 銀河座標で見た散開星団の分布．天の川に沿って（銀緯 0°付近）分布している（銀極は銀緯 90°に相当）．アマチュア天文の世界では，銀河星団と呼ばれることもあるくらいである（この場合の銀河は天の川の意味）．図では銀経を l という記号で示している．

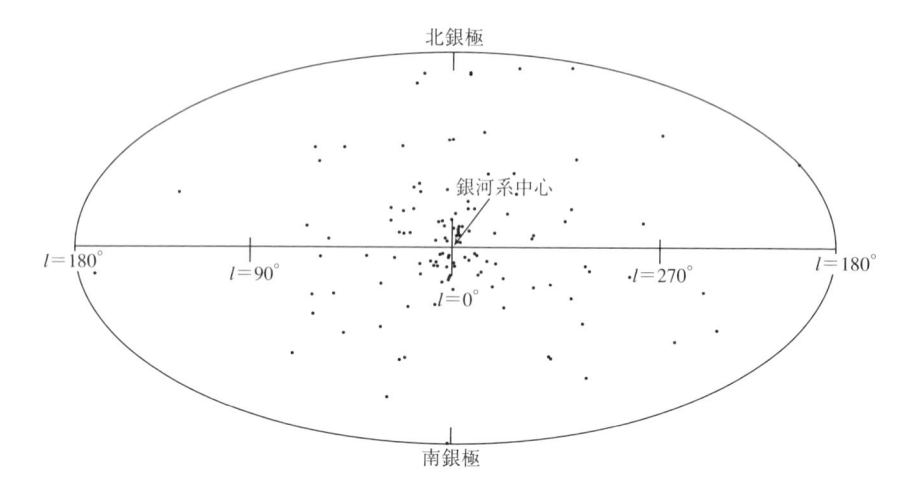

CHAPTER2 あらためて，銀河系について

図 2・8 銀河座標で見た球状星団の分布．銀河系中心方向（銀経 0°，銀緯 0°，いて座の方向）を中心として，球状領域に分布している．

いにとどまっている．図 2・5, 2・6 からわかるように，この結果，密集度は球状星団の方が圧倒的に高くなる．また，球状星団は球状の形態をしている一方，散開星団は密集度の低さも手伝って不定形の形態に見える．散開星団と球状星団の名は，この形態から付けられている．対照的なのはこれだけではなく，銀河系内の分布で両星団は互いに決定的に違っている．天の川を赤道にとった銀河座標で天球上の分布を示したものが，図 2・7〜2・10 である．天の川の中心線が銀緯（銀河座標の緯度）0°に相当している．天の川が一番濃く見える方向が銀河系中心の方向である．もちろん星間吸収などを丁寧に解析する必要がある．銀経（銀河座標の経度）については，0°の標準子午線（経線）が銀河系中心を通るように座標値を決めている．

散開星団は図 2・7, 2・9 を見てわかるように，銀河面（銀河系円盤面）に分布し，しかも天球を一周している．一方，球状星団は図 2・8, 2・10 からわかるように，銀河系中心方向を中心に球対称に見えるように分布し，天球のある方向に集中して見られる．1 章で触れたように，シャプレーはこの球状星団の分布を見て，銀河系中心が「向こうの方」にあり，広大な銀河系円盤が続いている，ということを読み取ったのであった．球状星団は，銀河系円盤を取り

2.2 星団

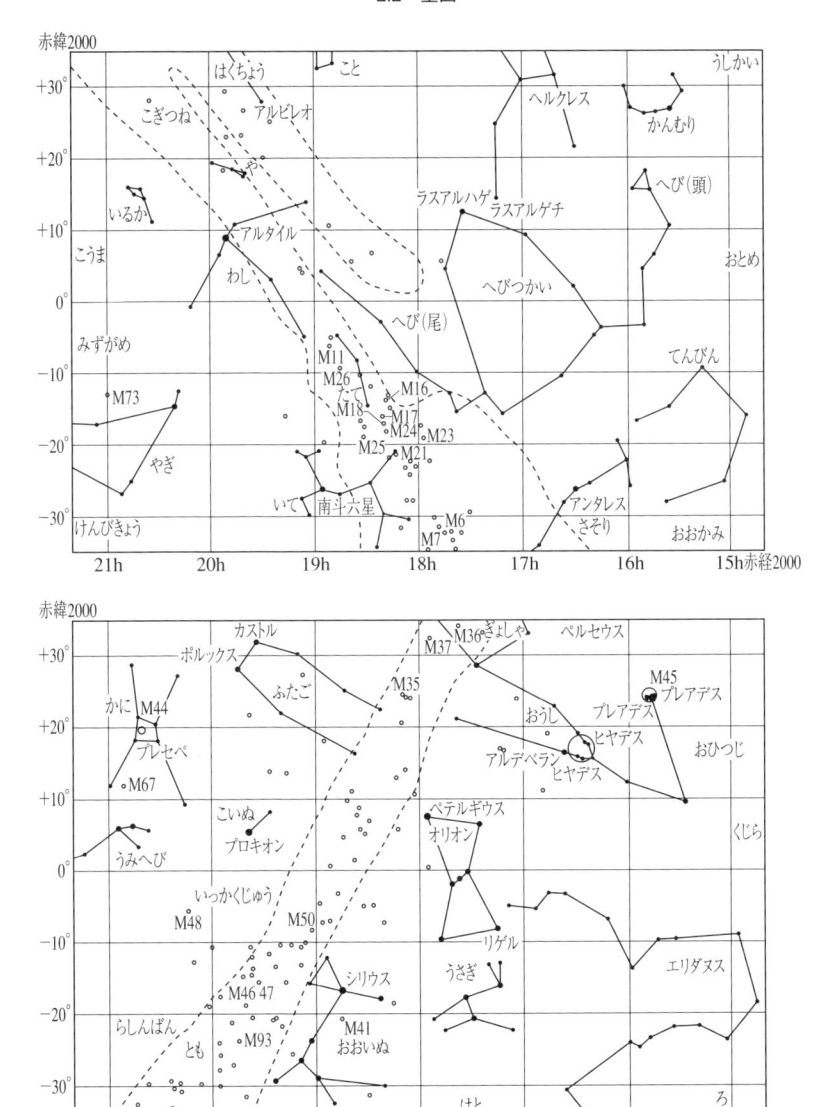

図 2・9 夏の天の川（上），冬の天の川（下）での散開星団の位置．天の川を彩っている．天の川自体は，夏の方が太くて明るいが，散開星団の分布をみると，冬の方もまったく負けていない．我々は，「オリオン腕」という腕の，銀河系中心方向側に位置しているので，反銀河中心方向の方が腕の中の星団の並びが見やすくなっている．おうし座には，ヒヤデス，プレアデス（すばる）という，とても近くにある散開星団がある．夏の天の川での星団の分布をみると，暗黒星雲帯を外していることにも気づく．

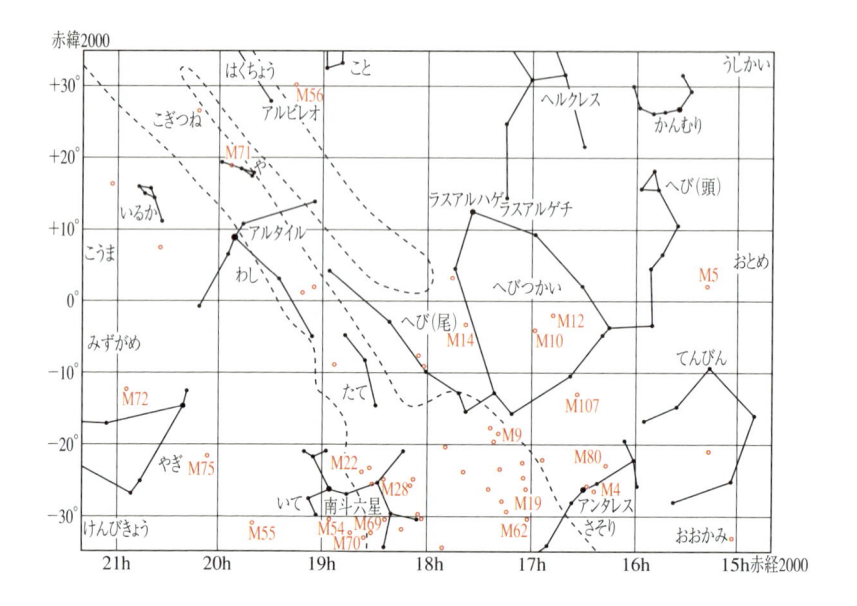

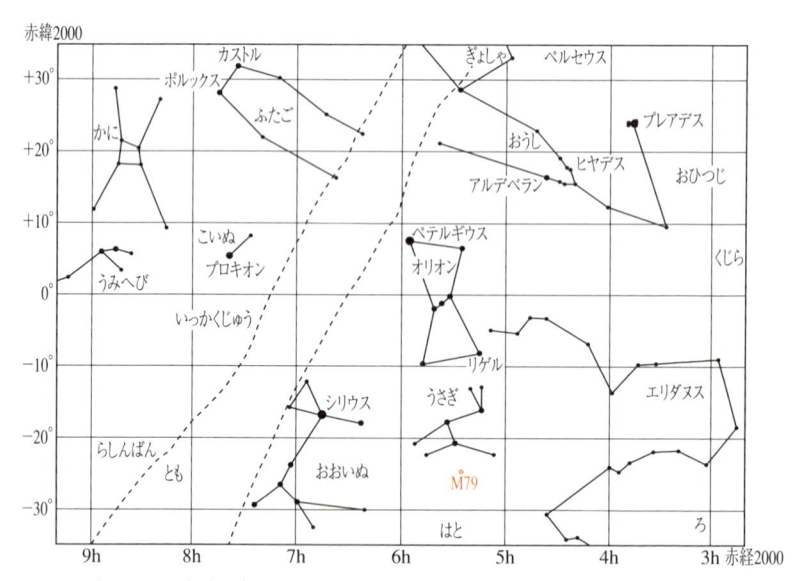

CHAPTER2　あらためて，銀河系について

図2・10　夏の天の川（上），冬の天の川（下）での球状星団の位置．いて座，さそり座に，いやというほど分布している．銀河系中心が，この方向の向こう側にあることを感じ取ることができる．天の川中心線にある暗黒星雲帯には，さすがに見当たらないし，冬の天の川には，ほとんど見られない．

巻く球状の領域，すなわちハローに分布している．もし太陽系が銀河系の中心に位置しているなら，天球面のあらゆる方向に球状星団が見えるはずだが，実際にはそうはなっていない．銀河系中心からかなり離れたところに我々が位置していて，球状星団の分布をいわば外側から眺めていることに近い状況と考えると，図2・7，2・8の分布がよく理解できるだろう．

2.3 星団の年齢

散開星団と球状星団は年齢も全く違っている．星の物理を分析するのに便利な図として，HR図がある．星団を論じる際にとても重要な図であるため，少し詳しく説明しよう．HR図は横軸に星のスペクトル型[12]，縦軸に星の光度[13]を取った図のことである．20世紀の初め頃，デンマークのE.ヘルツシュプルングとアメリカのH.N.ラッセルが独立に考案し，2人の姓の頭文字を取ってHR図と呼ばれている[14]．星のスペクトル型は星の表面温度とよく対応しており[15]，星の表面温度は星の色とよく対応している[16]．したがって，HR図は星の色と明るさをそれぞれ横と縦の軸に取った図，と意味づけすることもできる．そしてここでは議論を簡単にするため，HR図上，主系列星と赤色巨星と呼ばれる分布に注目する[17]．HR図の簡単な説明を図2・11に示した．太陽は主系列星の1つである．

HR図の解析から，星団の年齢がわかる．そのために，まず星の一生についておさらいが必要である．星の一生を左右する，もっとも大きな要因は星の質量と考えられている．どのくらいの質量の星間ガスを集めて星として成ってい

---

[12] 専門的に，O-B-A-F-G-K-M型と類別される．スペクトルの中の吸収線の特徴をもとに分類し，さらに0〜9の数値を使って細分類もされる（例えば，B8, B9, A0, A1の順）．太陽はG2型．
[13] 星の見かけの明るさではなく，星の本来の明るさに対応するもの．太陽の光度を単位として表現したり，絶対等級で表現したりする．この電球は何ワット，その電球に照らさせてこの机の上は何ルクスの照度，というのは，それぞれ光度と見かけの明るさに対応している．この両者の間をつなぐのは，光源からの距離である．
[14] 図の名称として，横軸と縦軸の意味から取る場合が多い（速度—時間図など）．しかしHR図という名称において，HやRは，ともに縦軸・横軸に関係ない．
[15] O型ほど高温，M型ほど低温．太陽はG型なので「ほどよい」温度．
[16] 高温ほど青い，低温ほど赤い．日常生活での暖色・寒色とは逆になっている．太陽は星の世界では中程度の温度なので，青くも赤くもない色になっている．
[17] ここでは赤色超巨星と赤色巨星を混ぜて，単に赤色巨星と表している．

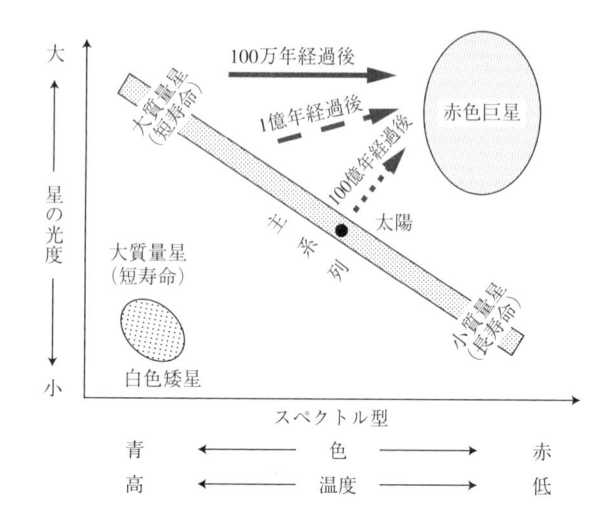

CHAPTER2　あらためて，銀河系について

図2・11　HR図の模式図．核融合が始まると，星は主系列星として安定に輝く．星中心部で，燃料となる水素が使い尽くされてくると，主系列星から赤色巨星へと姿を変える．皮肉なことに，大質量星の方が早く燃料切れになる．

ったかで，星のその後の性質をほぼ決めていくことがわかっている．星は生まれてしばらくすると安定して核融合を続けるようになり，主系列星（HR図上，主系列に乗る星のこと）として輝き続ける[18]．そして一生のほとんどを主系列星として過ごしていく．HR図上の主系列の並びは，星の質量の違いである．主系列の左上の方が大質量の星，右下のほうが小質量の星に対応している．大質量星の方が強い自己重力で星の中心部を押し固め，より高温高圧の環境を作っている．核融合は温度の強い関数[19]であり，大質量星の方が光度の高いものになる．また表面温度も高く，HR図上の主系列の左上の方に位置する．O型主系列星の質量は太陽質量の数十倍，M型主系列星の質量は太陽質量の1割くらいである．さて質量（燃料の量）が大きくなることに対応して，

---

[18] 星として光るためには，星が高温であればすむ．周りの空間に光のエネルギーを垂れ流し，これが「光る天体」となる．なお，宇宙空間は光に対してかなり透明であり，また宇宙空間が膨張していることもあって，光のエネルギーが垂れ流されても宇宙空間は暖まらない．星が，光るほどに高温であるのに，核融合が必ず必要というわけではない．長期間安定して星を高温にさせるための機構として最もありふれたものに，核融合がある．

[19] 少しでも温度が上がるだけで，反応が劇的に高まるということ．

2.3 星団の年齢

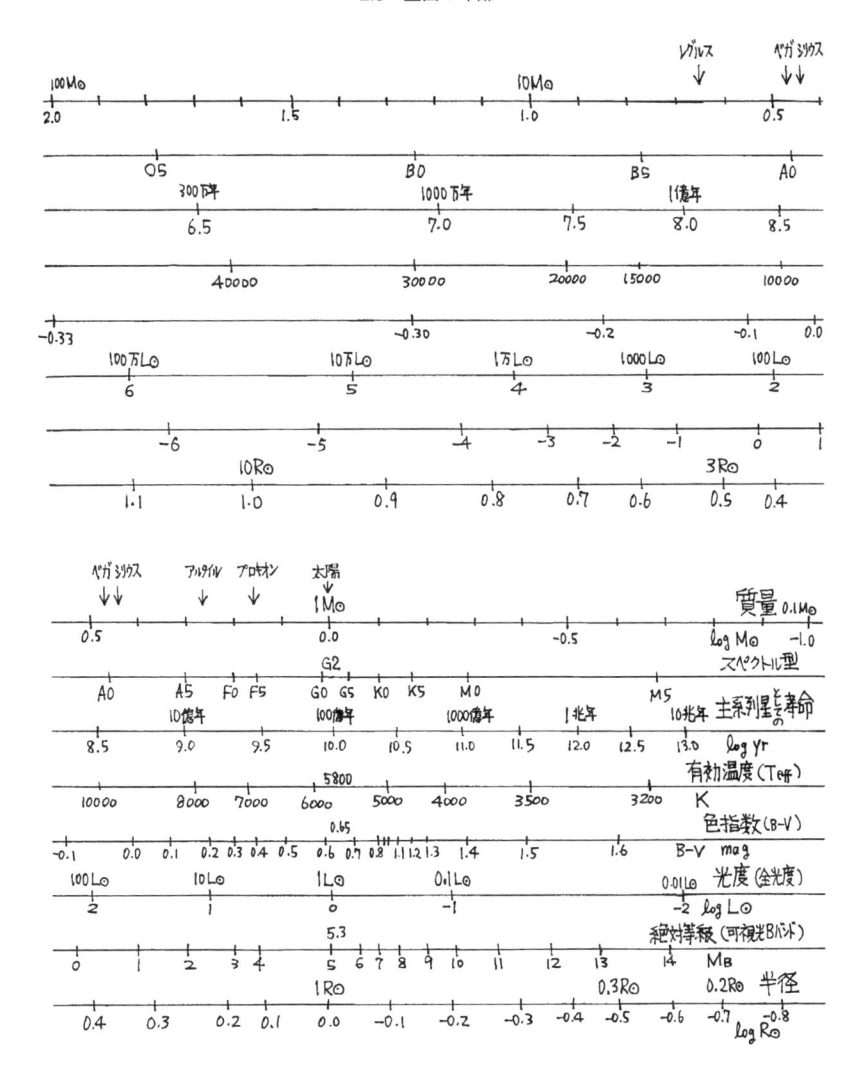

図2・12 主系列（ゼロ年齢でのもの）に沿った物理量の変化[20]．横に長いので，ふたつに分割して上下に示した．

光度（燃料消費の速度）が大きくなる度合いの方がずっと高くなっていることがわかっている．おおざっぱに言えば，光度は質量の3～4乗に比例する．質量を光度で割り算した値，これは質量の－2～－3乗になるが，年齢に比例す

ると考えると，大質量星の方がかえって短寿命ということがわかる．O 型星は数百万年，M 型星は数兆～十兆年の寿命と計算されている．100 万年というのは，銀河の研究，特に星形成の歴史や銀河の構造の時間変化の研究では，議論できる一番短い時間間隔ともいえるものである．O 型星の寿命は，この観点からは一瞬ということになる．また宇宙の年齢は 140 億年程度と考えられているので，それよりも遥かに長い寿命をもつ星も，一方にあることになる．主系列に沿った星の各種物理量の変化について，図 2・12 にまとめた．主系列星は時間が経っても HR 図上，あまり動かない．主系列星としての寿命が尽きると星は赤色巨星になり，HR 図上，主系列から大きく離れて赤色巨星の領域へ移動する．赤色巨星になってしばらくすると，大質量星は超新星爆発をし，場合によっては芯として中性子星やブラックホールを残す．太陽の場合を含めて中小質量星では，外層は膨張して惑星状星雲に，中心部は白色矮星という芯として残る．いずれの場合も，核融合をして輝く星としての一生を終える．

星団は，ある時期に，1 つの星雲から一斉に星が生まれてきた兄弟姉妹の星たちと考えられている．もちろん，一斉にというのは宇宙カレンダーの観点からで，実際は数百万年の間にである．ただし，できる星の質量はいろいろである．星団の星々はそれぞれ地球から同じ距離にあると考えて良いことになり，見かけの明るさの違いは，星の光度の違いに対応していることになる．互いの星の色の違いは距離によらない．厳密にいえば星間吸収はいくらかあり，その吸収の際に「赤化」といって，波長の短い光（色でいえば青い方）がより吸収されることが起こり，距離に応じて見かけの色が変化する．しかし星の見かけの明るさに比べると，星の色は距離の影響がとても小さく，また互いの星の色の違いそのものは，距離が変わっても変わらない．以上から，横軸に色（色指数という数値化した量で表現），縦軸に見かけの明るさをとった図（色等級

---

[20] この図は以下の資料を参照した："Allen's Astrophysical Quantities 4th edition" A. N. Cox（2000）Springer の 15 章，"Galaxies in the Universe – An Introduction 2nd edition" L.S. Sparke and J.S. Gallagher III（2007）Cambridge University Press の 1 章．太陽の値を基準としたものがあり，その値の絶対値は以下の通り（理科年表 2009 を参照）：$M_\odot = 1.99 \times 10^{30}$ kg, $L_\odot = 3.85 \times 10^{26}$ W, $R_\odot = 6.96 \times 10^8$ m．色指数 $B-V$ は値が大きいほど赤い色，小さいほど青い色に対応している．ベテルギウス，アンタレスはそれぞれ，1.85, 1.83 の値をとる．青い星としてベテルギウスと対比されるリゲルは $B-V = -0.03$ だが，一等星の中ではスピカの $B-V = -0.23$ が最も青い値となっている．

2.3 星団の年齢

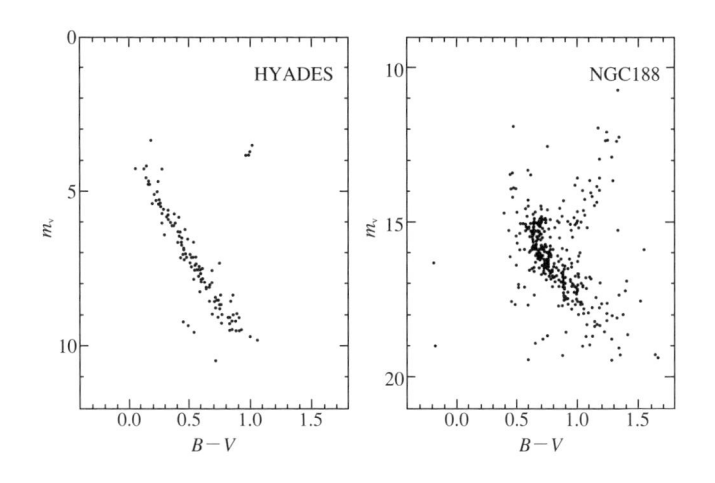

図 2・13 散開星団ヒヤデス星団（左）と球状星団 NGC 188（右）の色等級図.

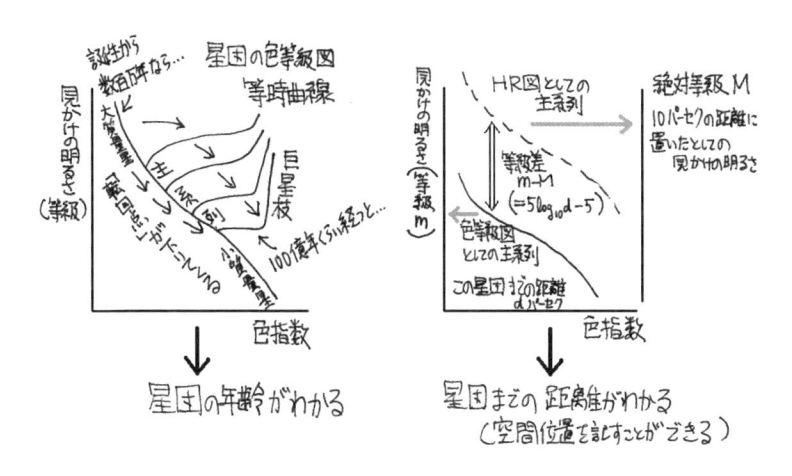

図 2・14 星団の色等級図から星団の年齢と距離を求める方法[22].

図[21]と呼ばれる）を星団の星に対して作成すると，同じ年齢の，しかし違った質量の星の集合が，明るさと色に関して同じ土俵上で点を打つことになる．図 2・13 は，散開星団のヒヤデス星団と球状星団の NGC 188 の色等級図を示したものである．色等級図の読みとり方を図 2・14 に示した．散開星団は主系列がよく伸び，短寿命であるはずの大質量星がまだ主系列星として輝いてい

る．ここから，若い星の集団であることがわかる．球状星団は主系列が途中で折れ曲がり，巨星の枝が発達している．ここから，老齢の星の集団であることがわかる．主系列の折れ曲がりの位置が右下にあるほど年齢は古くなり，これを利用して星団の年齢を決めることができる．散開星団は数千万年程度の年齢のものが多く見られ（古いものは数億年程度のものもある），多くの球状星団は百数十億年の年齢を示している．球状星団の年齢は，銀河系自体の年齢そして宇宙の年齢に対する，重要な下限値を与えている．表 2・2 に散開星団と球状星団の性質の違いをまとめた．

表 2・2　散開星団と球状星団の特徴

	散開星団	球状星団
形態	不定形	球状
メンバー数	1000 程度	10 万程度
大きさ	10 パーセク程度	数 10 パーセク程度
中心集中度	散漫	密集
分布	銀河面	ハロー
運動	銀河回転	全体として無秩序
年齢	若い	老齢
重元素量	多い	少ない

運動と重元素量について補足が必要だろう．銀河系円盤は，銀河系中心を中心として公転運動している（銀河回転と呼ぶ）．速い回転（自転）で支えているので，遠心力が大きくかかって扁平な円盤が形成されている．1 つ注意をすると，銀河系円盤は固体の円盤ではないので，CD のような剛体回転ではなく差動回転（微分回転ともいう）をしている．これは半径ごとに違う回転角速度をもっているということで，円盤内で「ずれ」を生じながら回転しているとい

---

[21] 横軸・縦軸に，色（色指数で示す）・等級（明るさの表現）を当て，ここから名づけられている．しかし色指数の単位は等級である．色指数とは，違う波長域での等級値の差（例えば緑色の波長域での等級 V から青色の波長域での等級 B を引いた，$B-V$ という値）として表現される．したがって，色－明るさ図と呼ぶ方が正しい気がする（等級等級図ともいえまい）．しかし慣習上，色等級図と呼ばれている．

[22] 色等級図作成に必要な情報は，星ひとつひとつの明るさと色である．言ってみれば，カラー写真一枚からこの図を作ることができ，年齢や距離の「天文学的数字」を見積もることができるのである．天体の物理情報をこのように引き出す天体写真の分析方法は，天文学としての力の出しどころである．

2.3 星団の年齢

うことである．散開星団は銀河系円盤上にあり，他の天体と一緒に一方向に公転している．一方ハローに属する球状星団は，全体としては，統一的な回転運動をもっていない．銀河系の重力場の中で運動しているので，球状星団ひとつひとつは，素直な楕円軌道をもって銀河系内を公転している．しかし，互いの軌道の面がそろっておらず，「逆行」しているもの，非常に離心率の大きい軌道のもの，といろいろ種類がある．全体としては，どの瞬間でも球状の分布になってしまう[23]．重元素とは，天文学では水素とヘリウム以外の，「重い」原子核をもつ全ての元素の総称である[24]．宇宙の初期の段階では重元素はほとんどなかったとされ，重元素は星の内部の核融合反応や，超新星爆発の際に作られてきた．重元素は星の死の際に星間ガスに還元され，そこから次の世代の星が生まれる．したがって，世代を重ねるごとに星は重元素が豊富になってきたと考えられている．散開星団は重元素が豊富になった環境が用意されてから生まれた，新世代の天体であり，逆に重元素欠乏の球状星団は，重元素合成があまり進んでいなかった環境で作られた天体ということになる．なお，重元素が豊富であるといっても，重量比で言って2%程度がやっとである．重量比で水素が7割強，ヘリウムが3割弱，これで98%以上なのである[25]．

ここで1つ注意をしておこう．散開星団は時間が経っても球状星団にはならない．球状星団ができた銀河系の初期段階では，球状星団も散開星団もできていたのだろう．星団はいつまでもまとまっているとは限らず，個々ばらばらになっていき，力学的に「蒸発」していく．互いの重力の結びつきが強いほど，この蒸発が起こりにくくなる．球状星団は星の密集度が高く，百数十億年間を蒸発の危機から生き抜いくことができたのであった．そのころ形成されたかもしれない散開星団は，ずっと前に蒸発してひとつひとつの星がばらばらになって銀河系の中をさまよっているはずだろう．現在の銀河系では球状星団は形成

---

[23] 蚊の大群といえば例えが悪いか．

[24] 天文学では，重元素のことを金属と呼ぶことさえある．酸素も窒素も金属ということになるので，地球大気は完全にメタリックということになる．天文学が大雑把というより，水素とヘリウムが宇宙の中でいかに圧倒的多数か，ということである．

[25] なお，元素の含有量（分子になっているのか，電離はどのくらいかを含めて）は，天体のスペクトル写真を詳細に解析することから得ている．その天体まで出かけて試料採取し，実験室内で分析したのではない．天文学はリモート・センシングの塊のような学問でもある．

されていない．したがって，銀河系の球状星団は老齢なものしかないのである．これは，かつて起こった，球状星団を形成するほどの大規模な星形成が，現在は起こっていないということである．球状星団と散開星団のメンバー星数を思い出してほしい．これは星形成の規模の違いでもある．銀河系は現在，星とガス（星の原料）の質量比が 10：1 程度と見積もられており，ほとんど星になりつくした銀河といえる．広い宇宙には，現在星形成が大変活発な銀河もあり，そこでは若い球状星団が形成されている．老齢な球状星団しか見つからないのは銀河系の特徴でもあり，また銀河系の星形成史を物語っている[26]．

2.4 星の種族

1 章で説明したように，晴れてアンドロメダ「銀河」として認識された天体は，銀河系そのものを知るための「鏡」でもある．実際，銀河系とアンドロメダ銀河は，大きさや形がよく似た双子的な天体と考えられている．さて，ドイツ生まれでアメリカに渡った W. バーデは，アンドロメダ銀河のバルジ部分と円盤部分の星を分離して調べ，それぞれ，銀河系内の球状星団と散開星団の中の星に似た集合であることに気がついた．そして 1944 年，銀河系を含めて銀河の中の星には，種族 I と種族 II という 2 つの種族があると発表した．種族 I は散開星団を代表として円盤部にあり，種族 II は球状星団を代表としてハローやバルジにあるものである．表 2・2 のうち，「分布，年齢，重元素量」については種族 I と II の性質の違いを示したものとしても読み替えられる．「運動」についても，以下の「高速度星」の説明から，種族 I, II に対応するものになっていることがわかる．もちろん，銀河系の中の星には種族 I と II の中間的なものも存在する．

太陽および，地球も含めた太陽系の世界は種族 I に属している．年齢は 50 億年で多くの散開星団に比べてやや老齢であるが，銀河系円盤に乗り，一周約 2 億年で銀河系中心の周りをほぼ円軌道を描いて公転している．重元素が豊富な世界なので，地球のような岩石質の惑星も従えているのである[27]．太陽は

---

[26] 銀河系内の球状星団には，過去に銀河系に合体していった近傍の矮小銀河のなれの果てのものが多数含まれているという可能性が指摘されている．

2.4 星の種族

50億年前に銀河系のどこかで散開星団の一員として生まれたのであろうが，その散開星団は力学的に蒸発してしまって，今となっては太陽の兄弟姉妹がどこにいるのか，まったくわからない．少なくとも，同時に生まれていた大質量星は，その一生を終えているはずである．

　銀河系は，星という質点が多数ある系として，力学的に研究することもできる．質点の力学を精密に論じるためには，位置と速度それぞれの3次元成分の合計6つの変数を必要とする．星の見える方向（天球面上の場所のことで，位置の2次元分に相当）は簡単にわかり，視線方向の運動（速度の1次元分に相当）は光のドップラー効果というものを利用して比較的簡単に調べることができる．以上の3次元分の情報収集は苦労しない．星までの距離（位置の残り1次元分）と，固有運動（天球面上の経年移動で，視線方向と垂直の運動成分；星までの距離と合わせて速度の残り2次元分）がわかれば，6つの変数を全て決めることができる．距離は年周視差で測ることができるので[28]，固有運動と年周視差を超高精度で測定すれば，6つの変数の残り3つを得ることができる．しかし年周視差と固有運動はいずれも大変小さな角度であり，現在の技術でも難題である．したがって，6つの変数が精密に測定されているものはかなり限定されてくる．1989年にヨーロッパ宇宙機関（ESA）が打ち上げたヒッパルコス衛星はこの問題に挑戦するものであった．日本の将来計画の1つ，ジャスミン計画は，これをさらに高精度に推し進めるものである．現在のところ，太陽近傍のいくつかの星では運動が比較的よく決まっている．大多数の星は太陽との相対速度が小さいのだが，わずかながら，速い相対速度をもつものがあり，高速度星と呼ばれている．高速度星の速度を銀河回転成分とそれ以外の方向成分に分解すると，回転成分の方が小さいことが明らかになっている．J. H. オールトは，銀河系内には，銀河系円盤に乗っているものと，円盤と無関係の運動をもつものと2つの成分があり，太陽は前者に属すると考えた．そう

---

[27] 我々の身体は，種族Iの世界の極端なものともいえるだろう．天文学といえば日常生活とかけ離れた学問とも言われるが，宇宙と日常生活の関連を考えるのも天文学が目指す方向の1つである．

[28] 銀河系内の星までの距離は，ハッブルの法則を使って見積もる，ということは絶対にできない．銀河系はハッブルの法則で記述される宇宙の膨張を振り切って重力でしっかりとまとまった「天体」であり，宇宙の膨張に乗って夜空の星がどんどん離れ合う，ということはない．

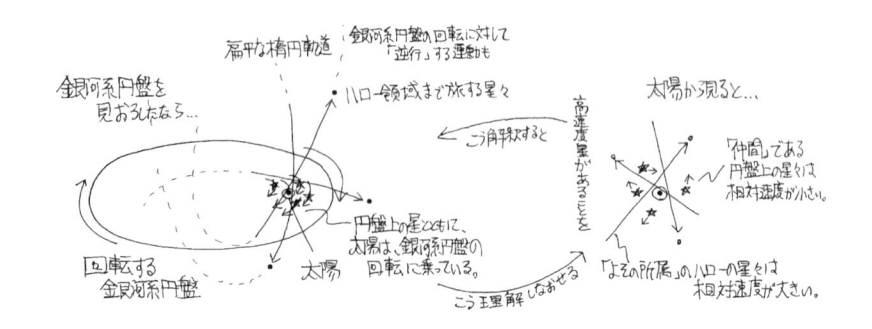

図 2・15　高速度星と，その解釈[29]．ところで，太陽近傍の銀河円盤に乗る星の集合をとり，その相対速度ベクトルをすべて足し合わせると 0 になるだろうか．実は 0 にならない．これは，銀河系円盤にきれいに乗る運動からの，太陽の固有の運動のせいである．その方向は太陽向点と呼ばれ，こと座との境界に近いヘルクレス座領域内にあり，速度は $20\ \mathrm{km\ s^{-1}}$ と計算されている．

なると，前者に対しては相対速度が小さい天体として，後者に対しては高速度星として観測されるのである（図 2・15 参照）．前者は種族 I の天体，後者は種族 II の天体でもある．

　種族 I の世界は，銀河系円盤上の，現在も星形成に関係している天体を含めて考えていくこともできる．散開星団は，1000 万年ほどさかのぼると散光星雲だったのであろう．さらに 100 万年ほどさかのぼると暗黒星雲だったのであろう．星形成の際は大質量星も形成される．その大質量星は短寿命であり，そして超新星爆発を起こす．したがって，星形成を現在も行っている領域では超新星爆発も起っている．ところで補足しておくと，超新星爆発はこのように大質量星の最期の姿として現れるものと，そうでないものがある．後者には白色矮星と赤色巨星の連星系で，赤色巨星から白色矮星表面に降り積もったガスが核融合爆発をして起こすといったものを含むと考えられ，現在の星形成領域と無関係な場所にも出現する．

　銀河系での種族 I，II という考え方は，銀河系の形成・進化をさぐる糸口にもなっている．銀河の形成から現在まで時間を下る方向で考えると，種族 II

---

[29]　高速で運動しているので銀河系の重力を振り切って飛び出す，ということはない．高速というのは，回転円盤の上に乗っている我々から見た相対速度のことである．なお，高速度星として最も有名な星は，うしかい座のアークトゥールスだろう．

の天体が先にできたことになる．種族IIである球状星団の空間分布が球形状であることを考えると，原始の銀河系は広大に拡がった星形成領域をもっていた可能性がある．これは原始の銀河系ガス雲が一様的に広がっていたというよりも，いくつものガス塊が集合しつつある時代と考えた方がいいだろう．その塊の中で，時には塊同士の衝突を経て大規模な星形成が起こり，一部はハロー部に星を投げ残し，また，一部は角運動量を失って銀河系中心部に集まり，原始のバルジになっていったのだろう．時代が下り，残ったガスが収縮しつつ円盤を形成[30]し，種族IIからの重元素放出で重元素量が豊富になっていたこのガス円盤で，種族Iの天体が形成されていったのだろう．現在は種族Iの天体が存在する銀河系円盤が，銀河系での星形成領域になっている．なお，種族IIの天体にも，少ないとはいえ重元素の存在がちゃんと確認されている．宇宙開闢（かいびゃく）時には重元素が存在しなかったと考えられるので，重元素を含まない第0世代[31]の天体「種族III」があったと考えられている．種族IIIの天体が今に残っているのか，探査が続けられている．

2.5　銀河系地図の作成

　地球（太陽）を中心に，銀河系内の座標XYZを図2・16のようにとってみる．この座標上で散開星団の分布図を描いたものが図2・17である．銀河系円盤を上から見下ろして描いたXY平面図に3本の腕が見え，銀河系が渦巻銀河であることがわかる．渦巻星雲は銀河系の中にあるのか，と論じていた銀河系自体が「渦巻星雲」だったのである．銀河系円盤の腕には，星形成領域が積極的に分布している．わずかな物質密度の超過が円盤内のガスの圧縮を促進し，それが積極的な星形成につながっているのではないかと考えられている[32]．若い散開星団は，短寿命であるが明るい星を多く含み，写真で腕をより目立たせる効果を出している．

　図1・6のハーシェルの宇宙でひとつひとつの星の距離を正確に測れたなら，

---

[30] 角運動量が保存されれば，重力で収縮すると回転角速度が大きくなり，円盤を形成することになる．何かが円盤を「回した」のではない．収縮によって自動的に「回った」のである．

[31] 種族IIを第1世代，種族Iを第2世代と勘定して，あえて第0世代と記した．

[32] 腕の形成については別の説もあり，ここでは密度波理論と呼ばれているものを紹介した．

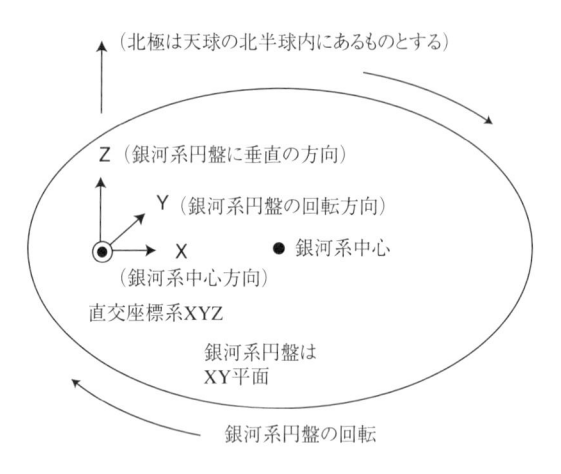

CHAPTER2 あらためて,銀河系について

図 2・16 観測地点の地球を原点に,銀河系円盤を基準にして張る XYZ 直行座標系.

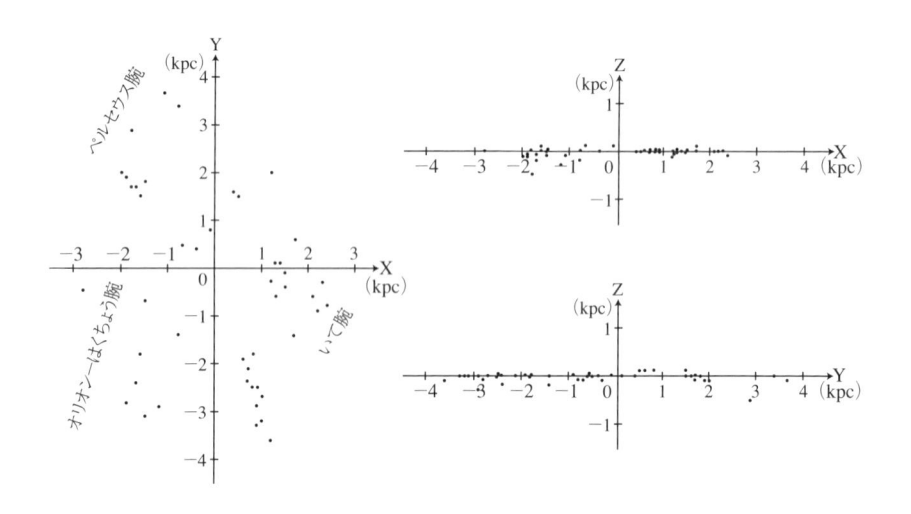

図 2・17 図 2・16 で示した XYZ 座標系で見た,散開星団の分布図.

図 2・17 の XY 平面図のようなものが得られていたことになる.もっとも夜空に見えている星のほとんどは,現在の星形成領域近くにあるわけではないので,3 本の腕はあまり目立たないはずである.太陽が属するのがオリオン−はくちょう腕(あるいは,オリオン腕)と呼ばれている腕である[33].銀河系中心

2.5 銀河系地図の作成

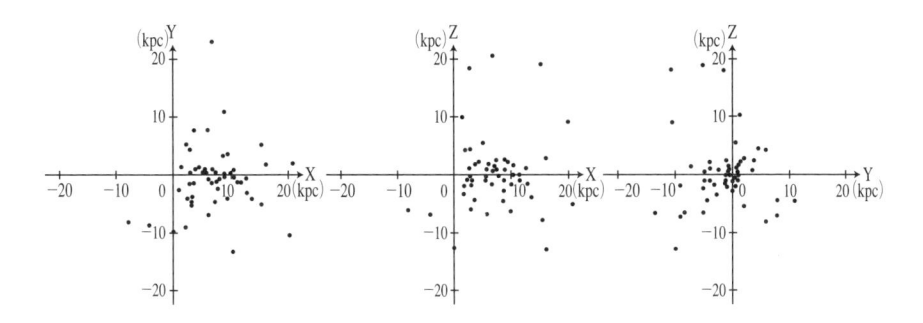

図2・18 図21・6で示したXYZ座標系で見た，球状星団の分布図．

側にはいて腕，反銀河中心側にはペルセウス腕と呼ばれている腕があり，それぞれより向こう側は星間吸収で，可視光では見通すことができない．XZ，YZ平面図は図1・6と同等の図であるが，それに比べてずっと扁平である．これは散開星団が天の川の面にきつく貼り付いているからである．2.1節で述べたように，散開星団を生んだ星間ガスは星よりも天の川の面に貼り付いている．散開星団はその後，中の星がバラけていくと同時に，銀河系回転に乗って他の天体と遭遇しつつ，天の川の面に垂直方向の速度分散が徐々に増していく．なお，XYZ軸上の数値が，銀河系中心から太陽系までの距離の8.5 kpcよりずっと小さいことに注意しよう．銀河系円盤の一部しか見えていないのである．

図2・18は，XYZ座標系での球状星団の分布である．XY，YZ，XZ平面いずれにおいても円形状の分布になっている．その分布の中心は，Y，Z軸では0近くだが，X軸においては原点からずれている．これは，銀河系中心からの太陽系までの距離に相当する．この図を見て，X軸上の分布中心が8.5 kpcより小さく見えるのは，星間吸収によって遠方，特にバルジの向こう側が見えな

---

[33] 太陽近傍の星形成領域は銀河面から20°傾いた面にあり，発見者の名を取って，グールド・ベルト（Gould Belt）と呼ばれている．ただし長径が750 pcの楕円形の小さな構造体であり，図2・17ではよくわからない．ごく近傍のOB型星や暗黒星雲（分子雲）は，このグールド・ベルトに沿って分布している．なお，太陽はこのグールド・ベルトの中心近くにいるが，太陽の誕生とは関係ない．なにしろ，太陽は生まれてから銀河系を20周以上公転し，その間に何回も腕を通過してきたのである．太陽（そして地球）は，現在，たまたまグールド・ベルトという局所的な星形成領域にお邪魔しているのである．

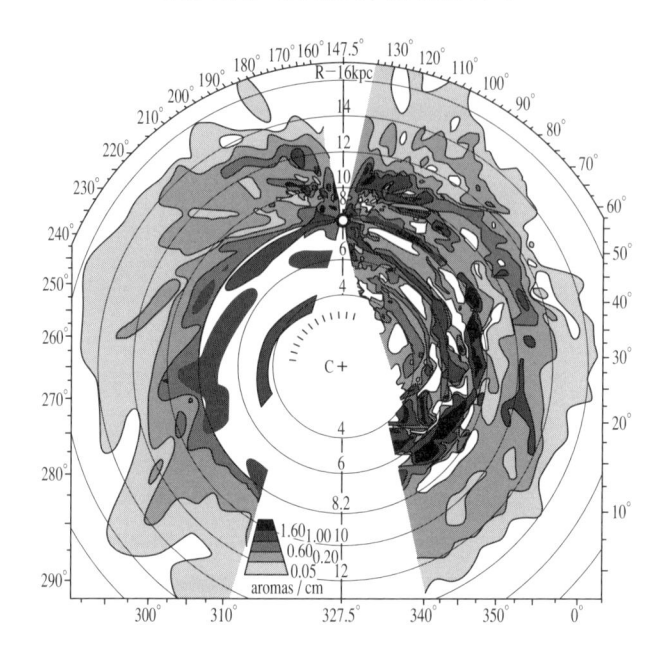

CHAPTER2 あらためて，銀河系について

図2・19 水素原子 21 cm 輝線の観測による，銀河系円盤の地図．色が濃いほど水素原子の密度が高い．図の中央に C の文字があるところが銀河系中心，中央やや上に中抜きの丸で示したところが太陽の位置．ここから銀河系円盤を見まわしている．相対速度をそのまま距離に焼きなおすので，太陽の位置から見て放射状構造が人為的に出てしまっている．銀河系中心方向と反中心方向からも電波を強く受けるが，配置の問題から相対速度が見えず，結果として地図化できない．J. オールトらが 1958 年に発表したもの．（Oort J.H., Kerr F.T., Westerhout G. 1958 MNRAS 118, 379, fig.4 を改変）．

いことが原因である．なお，図2・18 は図2・17 に比べ，XYZ 軸上の数値がずっと大きいことに注意．銀河系は広大なのである．これはシャプレーが思い描いた銀河系の広がりを示す図でもある．

　可視光観測に頼る限り，星間吸収で阻まれた領域に踏み出すことができない．電波は可視光よりずっと波長の長い電磁波で，星間物質の透過は可視光より格段に大きい．電波を使えば，銀河系全体を見通すことができる．銀河系内のガスの主成分は水素である．水素は密度の高いところでは分子になっているが，そうでないと原子か，電離した状態（プラズマ）になっている．銀河系円盤全体として，ガスは水素原子の状態で広く分布している（図2・3）．水素原子は波長 21 cm の輝線で観測することができる．輝線であるので，対象の視線

2.5 銀河系地図の作成

方向運動を,ドップラー効果を利用して精密に測ることができる[34].銀河回転が銀河系中心からの距離に応じてだけで決まっていると仮定すると,観測対象の,銀河系中心からの見込む角度(銀経),および観測対象との相対速度から,その対象までの距離を推定することができる.同心円状のトラックがあり,自分が走りながら他の半径を走っている天体を観測している,という状況である.そうやって波長 21 cm 輝線の観測データを水素原子雲までの距離(視線速度から)とそこでの密度(その波長での強度から)に焼き直し,銀河系円盤の地図として描き上げたのが図 2・19 である.図 2・17, 2・18 での星団までの距離は色等級図から得られたものであるが,図 2・19 での水素ガス雲までの距離は相対運動の解析から得られたものである.天体までの距離測定は難題だが,あの手この手で推定して立体地図を作製するのである.図 2・19 の中で,図 2・17 や図 2・18 はどこに位置するか,注意してほしい.図 2・17 の範囲は,すなわちハーシェルやカプタインのモデルのもとになった世界である.

銀河系中心および反銀河系中心方向は相対速度が 0 になるので,距離を割り当てることができず,空白のままになっている(図 2・19 に見える,鋭角の放射状領域の抜け).しかし,銀河系円盤が広大な円形であり,シャプレーの予言の通りに広がっていることがわかる.また物質密度の濃淡としての腕の構造が銀河系円盤全体を取り巻いていることもわかる.

種族 I と種族 II はもともと星の分類であったが,星以外の天体も含めて対応天体をまとめると,表 2・3 のようになる.なお,銀河系内の天体は実際にはきれいに種族 I, II に二分されるのではなく,それぞれ性質に幅があり,また両者の中間的な天体もある.銀河系内の天体を無理やり 2 者に分けるためのものというより,銀河系の構造や生い立ちを考える上で便利な考え方というものである.

---

[34] 本来の波長(放射した時の波長)は理論的に正確にわかる.観測された波長を精密に測れば(これは技術的に難しくない),両者の波長の差から,ドップラー効果を精密に測ることができる.連続スペクトルなら,ドップラー効果を精度よく測ることは大変困難である.

CHAPTER2 あらためて，銀河系について

表 2・3 種族 I と種族 II の天体

種族 I	散開星団，H II 領域，暗黒星雲，銀河回転に乗っている星
種族 II	球状星団，高速度星，バルジの星

　散開星団を写真に撮ると，明るい星の多くが青く写り，ところどころに赤っぽい星があることがわかる．暗い星は，赤っぽいものが多く見られる．明るく青い星があることは主系列が HR 図で左上まで伸びていることを示し，赤く明るい星は，いくつかの赤色巨星である．球状星団には，明るく青い星が見当たらない[35]．明るい星も暗い星も似たような赤っぽい色をしている．これは HR 図で右側に分布が寄っていること，つまり主系列が HR 図上左上まで伸びず，途中で赤色巨星の方向へ折れ曲がっているであろうことがわかる．散開星団は銀河系円盤にあるので，光の望遠鏡で見えるということは，星間吸収がまだ大きくならない近距離にあることになる．よって双眼鏡で楽しめる，見かけの角度の大きい，明るく見えるものが多くなるのである．球状星団は銀河系円盤の上下にあり，星間吸収に邪魔されにくく，遠くの対象も見通すことができる．したがって比較的遠距離のものも見える．小望遠鏡で見ると，球状星団は星雲状に見える．もともと星の集中度は高いのであるが，遠方にあるので，ひとつひとつの星の分離がなおさら困難になっていることも原因である．星団のカラー写真を見て，その星団の色等級図を思い浮かぶようになれば，ここからも銀河系の姿が見えてくるだろう．

---

[35] 時々青い星が見つかり，特別な経過を経た星「青いはぐれ星」と考えられている．

● COLUMN2 ●

天文台で雨になったら…

「天文学研究者は，雨の夜，天文台で何をしているか？」

こんな問題がテレビの人気クイズ番組で出題された，と聞いたことがある．筆者はその番組を見ていなかったし，その時の答が何だったか，聞いたが忘れてしまった．しかし選択肢の中に「酒を飲んでいる」が含まれていたことはよく覚えている．それが正解でなかったと思うが，念のため，しっかり書いておかないといけない．天文台で，雨の降る夜に酒を飲んで乱痴気騒ぎ，ということなどはない．共同利用の滞在者は，頂いた時間を，研究遂行のために使わないといけない．天気予報が最悪でも，いつ何どき晴れるかわからないので，待機している．また機器のテストやデータの処理が待っている．

観測計画の再検討も，この時間を利用してできる．それどころか，実際に新しい研究課題がこの雨の日の議論から生まれることもある．滞在中に取得できたデータを簡単に処理した後であれば，研究のまとめ方の議論が進む．また，どの天文台にも図書室が設けられており，そこには研究成果の速報冊子も，駅の雑誌コーナーのように所狭しと並んで，アピールしている．計算機環境も整えられ，情報収集に困らない．共同利用の他のチームや天文台の職員ともゆっくり議論ができる．しかもコーヒーやちょっとしたお菓子を食べながら，リラックスして議論できる．研究と関係ない，しかも，本当にくだらない話もしながら議論できる．こんな時は，一般の勤務時と違って，とても頭が冴えるものだ．優秀な人が優秀な課題を考えつく，というより，さまざまな議論の中で，突然，新しい研究課題が出現する．しかも，その場の共有財産として，である．これこそ，平凡な頭で，優れたものを手にする方法である．そして，その場にいた人が，新たな研究課題の共同研究者であり，将来の研究発表での共著者である．三人寄れば文殊の知恵とはまさに本当である．

雨の日は忙しい．新しい研究課題が見えてきて嬉しくて心躍る，というのなら，乱痴気騒ぎは当たっている．

CHAPTER 3
銀河をひとつひとつ見ていくと…

　自然界の事物や現象は計測できる．宇宙も計測できる．当たり前のようだが，これはすごいことである．宇宙を計測することは天文学という活動であり，計測で得られた知見は，我々の宇宙観として人類で共有できる．さて，銀河を計測するとしよう．何を計測すればいいだろうか．以下のような項目が考えられる．

　①どんな形と表現すればいいか？
　②どのくらいの距離にあるか？
　③大きい銀河か，小さい銀河か？
　④質量はどのくらいか？
　⑤回転しているか？　その回転速度はどのくらいか？
　⑥星はどのくらいあるか？
　⑦星は若いものが多いか，古いものが多いか？
　⑧ガスはどのくらいあるか？
　⑨周りの銀河とは影響を及ぼし合っているか，孤立しているか？

　以下，3〜5章で，これらの記述方法を説明していこう．これらに必要な情報は，専門的望遠鏡と専門的カメラで得る写真あるいは数値と，その解析から得られるものである．図3・1に，3〜5章の内容が，銀河の性質の調査とどう関係するかを図示した．「この銀河はSBcという形態であり，20 Mpcの距離にあり，直径が25 kpcの大型の銀河である．若い星が多く，またガスも多く残っている．そのため，現在も活発に星が形成されている．すぐ近くにある2つの銀河と相互作用のため，形態の歪曲が見られる．」といった記述をしていくのが目的である．もちろん単なる記述に終わってはいけない．銀河の生い立ちとの関連を考えることを，常に忘れてはいけない．

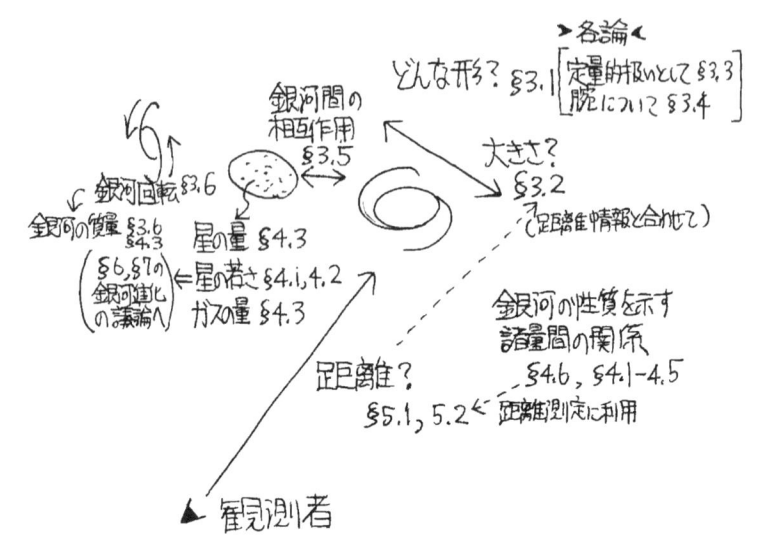

図3・1 何を言えば，銀河の説明をしたことになるか．

①の形態は，銀河の性質を語る上で重要である．形態は銀河の他の性質とよく相関しているからである．実際，上記の③〜⑨とよく関係しており，形態ごとに特徴的な生い立ちがあったことを示唆しているといえる．もちろん，形態は銀河の生い立ちの中で，時には大きく変化する．逆に，形態の変化から生い立ちについて探ることもできる．②は，宇宙の中での銀河分布の地図作りにつながる．これは宇宙全体がどのような構造か，その時間変化はどうだったのかという研究につながる．③④⑥は，銀河のサイズの問題である．⑤は，銀河内部の動力学的な問題であると同時に，④を知る手掛かりでもある．⑥〜⑧は，星の集合体として銀河を見た時の，その生い立ちに直接関係している．⑥は星形成のこれまでの時間積分，⑦はその時間微分，⑧はその将来に関係している．最後に，⑨は銀河の生い立ちの中でとても重要な過程であることを指摘しておこう．

3.1 銀河の形態の分類

銀河系の外側には，無数の銀河が見つかっている．銀河系と同じく，扁平な

3.1 銀河の形態の分類

銀河系とまったく違う形の銀河たち

丸い形のもの

異様な形のもの

星がばらばらとしか存在しないもの

図 3・2　さまざまな形態の銀河．[DSS2-R]

円盤が主構造になっているものもあるが，形態は実にさまざまである．口絵の写真を参照してほしい．また，代表的なものを図 3・2 に示した．生物の世界と同じく，銀河の世界でもまず形態分類であろう．現在用いられている銀河の形態分類の基礎は，銀河の「発見」で功績のあったハッブルが提案した音叉型分類といわれているものである（図 3・3 参照）．何度か，ハッブルが元々発表したものに改良が加えられているが（特に，フランスのド・ボークルールらによる改訂），現在でもハッブル分類と呼ばれ，その並びのことをハッブル系列と呼んでいる．

図 3・3 では，楕円形に見える楕円銀河[1]を左側に，渦巻状構造の見える渦巻銀河を右側に置いている．渦巻状構造は，回転円盤の上での物質密度が少し高くなった領域である．したがって，渦巻銀河より円盤銀河という呼び方の方が銀河の構造的性質をよく表している．ハッブル系列は左側に球形状のもの，右側に円盤状のものを配置したものといえる．なお，楕円銀河は天球面上投影

---

[1] 実際には球形的立体だが，平面に投影して楕円形の外郭として見えている．

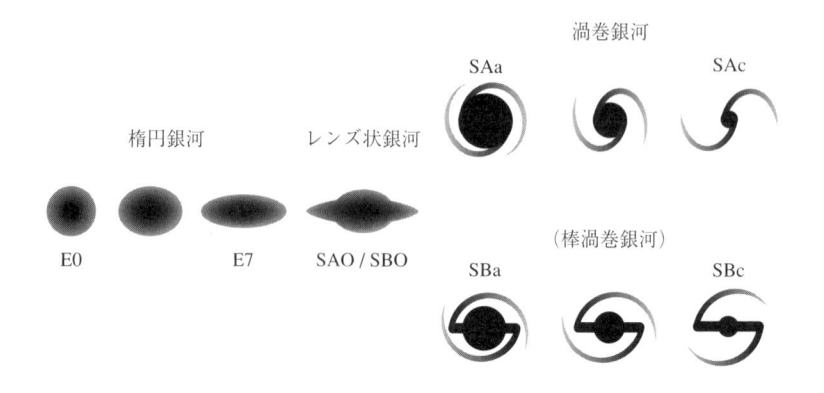

図3・3 音叉型の銀河形態分類，ハッブル系列．

の形をそのまま，レンズ状銀河は円盤部を横から（エッジ・オン），渦巻銀河・棒渦巻銀河は円盤部を正面から（フェイス・オン）見た形態で表している．

　楕円銀河にはE（ellipticalのE）の記号を当て，Eのあとに扁平度を表す数値を付けている．見かけの長軸の長さをa，見かけの短軸の長さをbとして，$(1 - [b/a]) \times 10$ を整数に丸めたものを与えている．この数値は，真円なら0，線分なら10になる．実際には0から7（つまりa：b＝1：0.3）までの値を取っている（図3・4参照）．本来完全球形でなくても，見る向きによっては真円に投影されることがあるであろう．したがって，E0銀河が完全球形かどうか，単純に写真からだけでは判定できない．楕円銀河全体集合を考えたとき，1：0.3より扁平な軸比をもつものはない，ということは言える．

　渦巻銀河は，中央部の球形状構造（バルジと呼ばれている）から伸びる棒（バー）構造があるかないかで2系統に分けられている（図3・5参照）．棒構造がない渦巻銀河にはS（spiralのS），棒構造のある棒渦巻銀河にはSB（Sにbarred のB）の記号が与えられている．SBという記号に対比させ，棒構造のない渦巻銀河をSAと記すこともある．実際には棒構造があるかないか，その中間形のものが多数ある．それはSAB，あるいはSXと記されている．バルジと円盤部（ディスク）の光度比率はハッブル系列と相関がある．ディスクの方が勝ってくると，一般に渦状腕（アーム）の巻き方がゆるくなっている．た

3.1 銀河の形態の分類

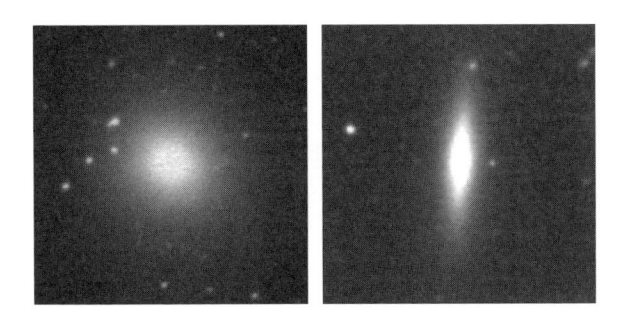

図 3・4 楕円銀河の E0（左, IC 4296）と E7（右, NGC 4623）．[DSS2-R]

図 3・5 （左）棒構造のない渦巻銀河 NGC 1566，（右）棒構造のある渦巻銀河 NGC 1365．
[DSS2-R]

だし，かなり個性が大きい．バルジーディスク比を渦巻銀河の分類で重視し，腕の巻き方も参考にしながらバルジの寄与の大きいものから小さいものへ，a, b, c という記号で表現する．改訂されたハッブル分類ではさらに d, m[2] を付け加えている．そして Sa と Sb の中間的形状に見えるものは，Sab のように記している．ディスクは正面から見ると（フェイス・オン）円形状に，真横から見ると（エッジ・オン）線分状に見える．銀河形態分類は，銀河面の見かけの角度にはよらないはずである．バルジとディスクの勢力比が形態を決める上で重要視されているので，フェイス・オンでも，エッジ・オンでも，その中間で

---

[2] m はマゼラン銀河のようである（Megellanic）という意味，つまり不規則形状的という意味．

CHAPTER3 銀河をひとつひとつ見ていくと…

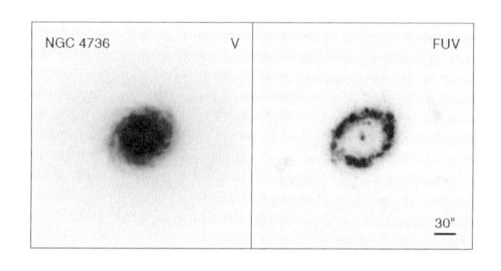

図 3・6 写真の写りによる形態分類の結果の違い．ここでは，渦巻銀河 NGC 4736 を例に，可視光 V バンド画像（左）と遠紫外線画像（右）での形態の違いを示している．前者は星の系全般が写り，後者は現在の星形成領域が写る（Kuchinski L.E. et al. 2001 ApJ 122, 729, fig.5 を改変）．

も，形態分類はある程度判定できる．しかし実際には種々の誤差がつきまとい，また渦巻銀河がいつも回転対称形の形態をしていないので，形態分類は単純ではない．バルジ－ディスク比などの定量値を使ってハッブル分類を決めることもできる（3.3節参照）．目視による判断が多いが，多くの銀河形態を見た「ベテラン」の間でも判定値にばらつきがある．写真撮影する際のバンド（波長域）や，深さ（淡い構造まで写しているか）にも影響される．銀河形態分類には，このような不定性があることも注意しておかないといけない．一般に波長の短いバンドで見ると腕が目立つ．また露出が浅すぎるとバルジ中心部の表面輝度の高いところだけ写って円盤部が見えなくなり，深すぎると腕が見えにくくなる（図3・6参照）．

渦状腕の巻き具合はバルジ－ディスク比と1対1対応ではないばかりか，別の観点もある．卓越した二本腕が目立つグランド・デザイン型と，個別の腕がはっきりせず，腕構造が全体として羽毛状に見えるフロキュレント型に分けることもできる（図3・7参照）．

我々の住んでいる銀河系の形状は，SABbc ではないかと考えられている．つまり弱い棒構造をもつことが最近の研究で示唆されている．渦状腕は，グランド・デザイン型のようなコントラストの強い構造でもないようである．ただし前章で述べたように，銀河系の本当の形状はなかなかわからない（図3・8参照）．

楕円銀河と渦巻銀河に二分したときの中間的存在は，ハッブルがこの分類の

3.1 銀河の形態の分類

図 3・7 渦状腕の 2 つの型．（左）グランド・デザインの例 NGC 4321，（右）羽毛状（フロキュレント）の例 NGC 7793．［DSS2-R］

図 3・8 銀河系の形の想像図の 1 つ．赤外線天文衛星スピッツァー宇宙望遠鏡による成果から得られたもので，2008 年に発表（http://www.spitzer.caltech.edu/Media/releases/ssc2008-10/ より）．バルジの微妙な扁平具合に注意．太陽の位置を白丸で記した．

CHAPTER3　銀河をひとつひとつ見ていくと…

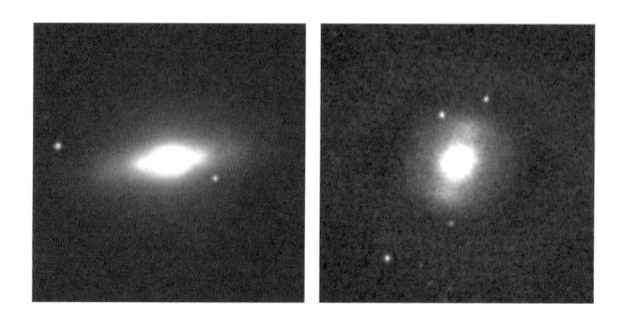

図 3・9　レンズ状銀河．（左）棒構造のない例 NGC 4251，（右）棒構造のある例 NGC 2859．[DSS2-R]

概念を提案したときには見つかっていなかった．E7 より扁平で，弱い円盤構造をもつが渦状腕が発達していないという仮説的形態を予言し，S0（エス・ゼロ）と名を付けた．その後の精力的な銀河探査により，S0 銀河が多数発見された．形態分類を意識して探査していくと，実は多数存在する形態だったのである．S0 銀河は，円盤部を横から見ると全体としてレンズ状に見えるため，レンズ状銀河とも呼ばれている．レンズ状銀河でもバルジ部分に棒状構造があると，SB0 と表記される（図 3・9 参照）．

　楕円銀河や渦巻銀河のような回転対称的形態になっていない銀河は，当初からわずかながら見つかっていた．大マゼラン銀河，小マゼラン銀河[3] がその典型である．当初，全体の 1〜数％程度にしかみられなかったので，例外的扱いになっていた．しかしその後観測技術が進歩し，たくさんの不規則銀河が見つかってきたのである．不規則銀河は小型のもの，表面輝度（単位面積あたりの光量）の低いものが多く，写真に写りにくい天体だったのである．銀河が本来不規則形状である場合もあるのであろうが，銀河同士の衝突や接近遭遇で外圧的に不規則形状になった場合が多数ある（3.5 節参照）．また銀河自身の活発な活動，特に爆発的星形成活動，つまりスターバーストによって，自身の形態を乱して不規則形状になったものもある．その活動は，銀河－銀河相互作用によって引き起こされることが多いと考えられている[4]．これらは大型の銀河でも

---

[3]　慣習的にマゼラン雲と呼ばれるが，銀河なのでマゼラン銀河とあえて表記．

3.2 超巨大銀河と矮小銀河

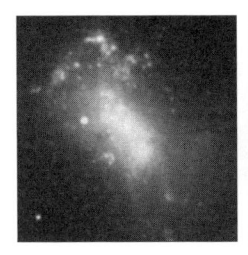

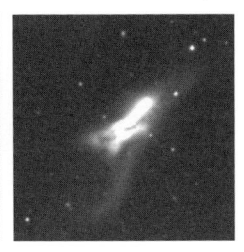

図 3・10 いろいろな不規則銀河．（左）NGC 4449, マゼラン型の小型の銀河．（中）M 82, アモルファス型の別名もあり，高い表面輝度と一見 S0 に似た形態，そして不規則なダスト・レーン（暗黒星雲帯）が特徴[5]．銀河-銀河相互作用が見られることが多い．（右）NGC 520, 衝突して合体中の銀河．激しく形を乱し，いずれ 1 つの大きな楕円銀河になるのだろう．[DSS2-R]

見られる（図 3・10 参照）．こういう銀河は力学的に緩和していき，最終的にはある「規則的形状」に落ち着いていくと考えられている．その場合，銀河の全体的回転はキャンセル気味になり，楕円銀河のようになると考えられている．

3.2 超巨大銀河と矮小銀河

楕円銀河や渦巻銀河は，大きさとしては銀河系と同じ規模のものである．しかし，サイズがその 1 桁上のものや，1 桁から 2, 3 桁下のものが存在する（図 3・11 参照）．

サイズが 1 桁上のものは cD 銀河と呼ばれる超巨大楕円銀河で，銀河団の中心に座っている（銀河団については 5 章を参照）．銀河団の中でも，メンバー銀河数が多く，メンバーの中心集中度の強いものの中心部で，よく見られ

---

[4] 激しい星形成によって，動力学的に物質分布が乱されて不規則になることがある．また，激しい星形成によって生じた明るい星形成領域の散在や，それに伴って出現する暗黒星雲帯の複雑な配置によって，可視光の写真に写る形が不規則形状になることがある（星の分布そのものが規則的形状だとしても）．写真に写る形状から単純に判断すると，いずれの場合も不規則形状ということになる．

[5] S0（エス・ゼロ）に似ているために，I0（アイ・ゼロ）という形態記号を与えられることもある．これはマゼラン銀河型矮小不規則銀河 Im と対比される．また Im と I0 は，Irr I, Irr II（不規則の I 型，II 型）と表記されることもある．なお，M 82 はダスト・レーンの影響が少ない赤外線画像の解析により，星の系本体としては規則的形状の円盤銀河であることがわかっている．

CHAPTER3 銀河をひとつひとつ見ていくと…

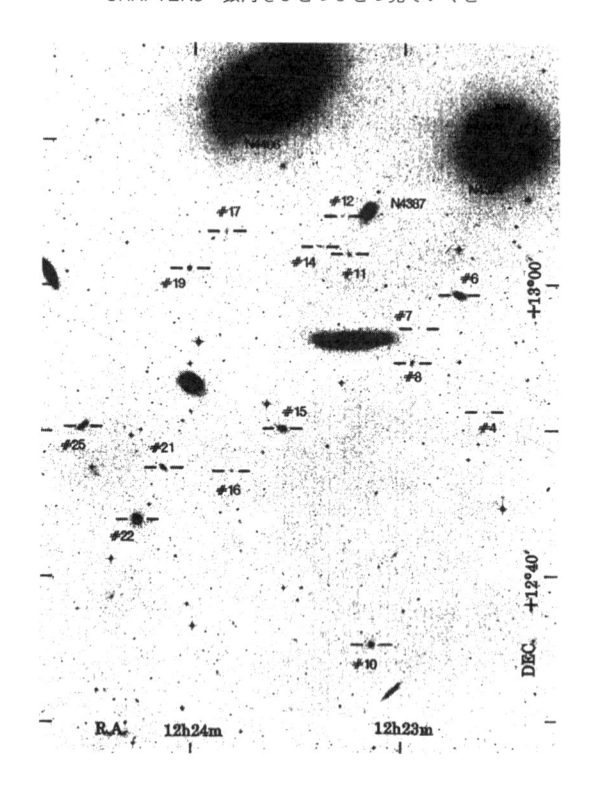

図3・11 おとめ座銀河団中のさまざまな大きさの銀河．銀河団メンバーなので，地球からの距離は一定と見なせ，見かけの大きさの差は，実際の大きさの差と考えることができる．線ではさんであるのが矮小銀河．市川伸一らの1986年の矮小楕円銀河の研究論文から（Ichikawa et al. 1986 ApJS 60, 475, fig.1）.

る[6]．サイズが銀河系よりずっと小さいものは，矮小銀河と呼ばれている．矮小銀河は，その形態から，大きく分けて矮小楕円銀河（dE）と矮小不規則銀河（dIrr）に分けられる．矮小楕円銀河は，構造を詳しく調べると大型楕円銀

---

[6] メシエ番号が付いている銀河でcD銀河は，おとめ座銀河団の中心部に座っているM 87である．当然ながら，メシエ番号が付いている天体の中で直径，質量，光度において大きな値をもっている．ウルトラマン（円谷プロダクションが特撮テレビシリーズとして制作）の故郷とされるM 78星雲（実在する，オリオン座にある銀河系内の小さな星雲）は，もともとM 87星雲（星雲と銀河をうるさく区別する今日なら，M 87銀河）という設定だったといわれている．なお，M 87は活発な活動銀河中心核をもち，強い電波放射や激しいジェット噴出が観測されている．まさに「ウルトラの星」である．

3.2 超巨大銀河と矮小銀河

図 3・12 いろいろな矮小銀河.（左）矮小不規則銀河 NGC 1156,（中）矮小スフェロイダル銀河 Sextans B,（右）ブルー・コンパクト矮小銀河 I Zwicky 18. 矮小楕円銀河の例としては，図 1・10 にある，アンドロメダ銀河の 2 つの伴銀河，M 32 と NGC 205 が代表として挙げられるだろう．［DSS2-R］

河と違う点があるが，ガスがすでになく，老いた星の集合という点で大型楕円銀河の矮小版といえる．矮小不規則銀河には，矮小楕円銀河と違ってガスが多い．乱暴に言えば渦巻銀河の矮小版ともいえるだろう．とはいえ，しっかりした円盤構造は見られず，渦巻の腕も見られない．矮小不規則銀河は，大小マゼラン銀河がその代表として考えることができる．マゼラン型不規則銀河 Im (Irregular Magellanic) という記号で記す場合もある．なお，大小マゼラン銀河は，矮小銀河の中では実は大型の銀河である[7]．矮小不規則銀河では，ガスが多いとはいえ，星形成活動は高いものから低いものまでいろいろである．ブルー・コンパクト矮小銀河（BCD）と呼ばれる，高い星形成活動によって表面輝度が非常に高くなった矮小不規則銀河もある（図 3・12 参照）．矮小楕円銀河と似たものに，矮小スフェロイダル銀河（dSph）と呼ばれるものがあるが，明確な区別は難しい．dSph は非常に表面輝度の低い矮小銀河である．ガスをわずかにもち，非常に低いが星形成活動を示すものもある．矮小楕円銀河と矮小不規則銀河の中間形という説もあるが不明な点も多く，矮小銀河 3 者（dE, dSph, dIrr）のつながりについては現在も研究が続けられている．

　以上をまとめると，図 3・13 のような，立体的形態分類を考えることができる．これは S. バン・デン・バーグが提案したものを基にして書き直したものである．

---

[7] 定義によっては矮小ともいえないくらい. 5 章 5.3 節参照.

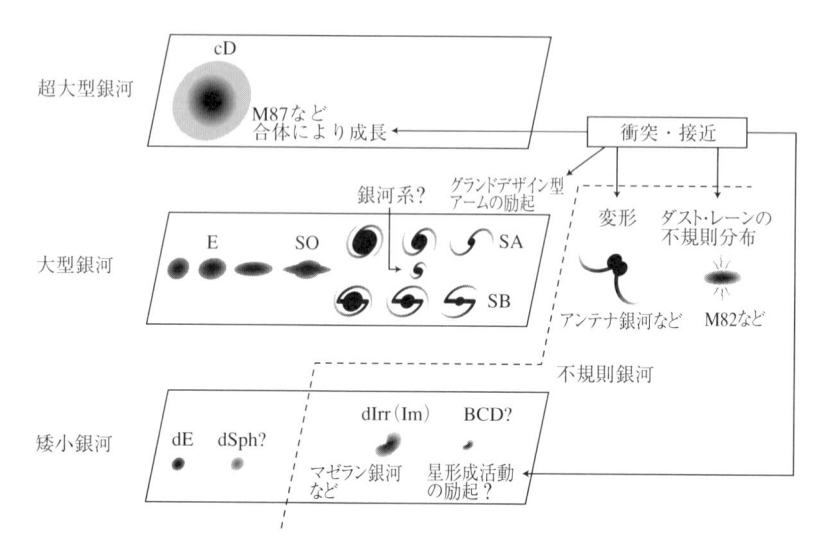

図3・13 形態分類のまとめの1つの考え方．超巨大銀河から矮小銀河までと，規則的形状の銀河から不規則形状の銀河まで．

後で述べるが，銀河は衝突・合体が頻度高く起こっている．生物の世界の場合と同様，銀河の現在の形態は銀河の生まれと育ちの両方の効果の結果なのであろう．

3.3 銀河の動径方向の表面輝度分布

渦巻銀河の構成要素は，銀河系を基に考えると良いだろう．その構成要素は，回転する円盤（ディスク）成分と，バルジ，ハローから成っている．ディスク成分には腕（アーム）の構造が発達している．バルジとハローを合わせて楕円体（スフェロイダル）成分と呼ぶことがある．要するに，種族Iのディスク成分と，種族IIのスフェロイダル成分がそれにあたる．レンズ状銀河（S0銀河）も同じ構成であるが，ディスク成分で腕の発達がほとんど見られず，またスフェロイダル成分の割合が非常に大きくなっている．楕円銀河はディスク成分をもたない，スフェロイダル成分のみでできている銀河といえる．不規則銀河のうち，マゼラン型のものは，ディスク成分のみの銀河と考えられている．もっとも銀河が小質量なので，回転速度が小さいし，扁平度が大きい回転

3.3 銀河の動径方向の表面輝度分布

対称性の高い円盤という形状にはなっていない．また銀河が小型なので自己重力によるまとまりが弱く，結果として周囲の環境からの撹乱に弱くなり，不規則形状になりやすいということもあるだろう．

銀河の構造を写真から解析する際，表面輝度という概念が有用である．それは，単位面積あたりの見かけの光量のことで，見かけ1秒角（1度［degree］の60分の1が1分角［arcmin］，1分角の60分の1が1秒角［arcsec］）を一辺とする正方形の領域＝1平方秒あたり何等級の明るさ（mag arcsec^{-2}）という単位がよく用いられる．星はほぼ点像であるはずだが，地上からの観測では大気の揺らぎにより，検出器上で広がった像として見える．その広がりはおおむね1秒角程度である[8]．銀河などは1平方秒角よりずっと広い面積を占めていることが普通であり，銀河の明るさといえば領域で積分した値で表現される．したがって，銀河の表面輝度は，普通は大変低い値をもっている．例えば13等級の銀河を考える．10分角×10分角に広がっていたら，36万平方秒角の面積をもっていることになり，平均の表面輝度は26.9 mag arcsec^{-2}（$13 + 2.5 \log_{10} 36$万）ということになる．なお，表面輝度は距離によらない．銀河上の，ある実距離に基づいた領域を考えてみる．距離の2乗に反比例してその領域の見かけの面積は減り，また距離の2乗に反比例して，その領域から受け取るエネルギーが減る．したがって，距離を変えても表面輝度は保存される．

スフェロイダル成分とディスク成分それぞれの表面輝度 μ は，銀河中心からの距離 r に対して次に示す式でよく表現される．

$$\mu(r) - \mu_e \propto (r/r_e)^{1/4} - 1 \quad \text{（スフェロイダル成分）} \quad (1)$$

$$\mu(r) - \mu_e \propto (r/r_e) - 1 \quad \text{（ディスク成分）} \quad (2)$$

添え字 e は規格化のためのものであり，半径 r_e のところで表面輝度が μ_e になるようにしてある．なお r_e は銀河の有効半径と呼ばれ，その半径の円内に，銀河の全光量の半分が入るということが定義になっている．スフェロイダル成分は，ド・ボークルールの1/4乗則（あるいはrの1/4乗則）と呼ばれている．ディスク成分は，指数法則と呼ばれている．等級の単位 m はエネルギーの単

---

[8] もちろん，すばる望遠鏡のような観測適地では，ずっと良いシーイング・サイズになっている．

位 I と,

$$m = -2.5\log_{10} I + 定数 \tag{3}$$

という関係がある．ディスク成分の場合は等級単位ではなくエネルギー単位で,

$$I(r) = I\mathrm{e}\exp\{-\alpha\,[(r/r_\mathrm{e}) - 1]\} \tag{4}$$

と表現し，ここから指数法則と呼ばれている．式 (1), (2) を見比べてもらうと，r の指数の部分が 1 乗か 1/4 乗かの違いである．最近では，セルシック・プロファイルと呼ばれる,

$$\mu(r) - \mu_\mathrm{e} \propto (r/r_\mathrm{e})^{1/n} - 1 \tag{5}$$

とする統一した表現も使われる．両成分を合わせもつ渦巻銀河に対し，銀河中心からの表面輝度プロファイルを r の 1/4 乗則に従うスフェロイダル成分と指数法則に従うディスク成分[9]に分解することができる場合がある．その例が図 3・14 である．

　r の 1/4 乗則は，図 3・14 で横軸に半径の 1/4 乗を取れば右下がりの直線になる，ということである．図 3・14 から読み取れるように，バルジ成分の方がずっと中心集中度が高く，また中心での表面輝度が高いのが普通である．ハッブル分類を客観的に示す 1 つの方法として，この成分分解が考えられる．ただしこの作業にはかなり手間がかかる上，実際にはこのようにうまく分解できる例ばかりではない．銀河同士の潮汐作用などで銀河形態の回転対称性が破れている場合や，渦巻銀河でダーク・レーン（暗黒星雲帯）が強く入っている場合，このような成分分解は最初から困難である．また変数の取り方によっては，r の 1/4 乗則と指数法則どちらでも合う場合もある．式 (5) で，$n = 2$ や 3 で合う場合もある．矮小楕円銀河では大型楕円銀河の場合と違い，r の 1/4 乗則ではなく指数法則の方が表面輝度プロファイルに合うといわれている．

　r の 1/4 乗則だけで済ませられそうな大型の楕円銀河でも，細かく見ると違いを見分ける観点がある．楕円銀河の等表面輝度線はほぼ楕円であるが，わずかに楕円からずれている．表面輝度の銀河中心からの半径方向成分 $\mu(r)$ では

---

[9] これをエクスポーネンシャル・ディスク（指数の円盤）と呼んでいる．

3.3 銀河の動径方向の表面輝度分布

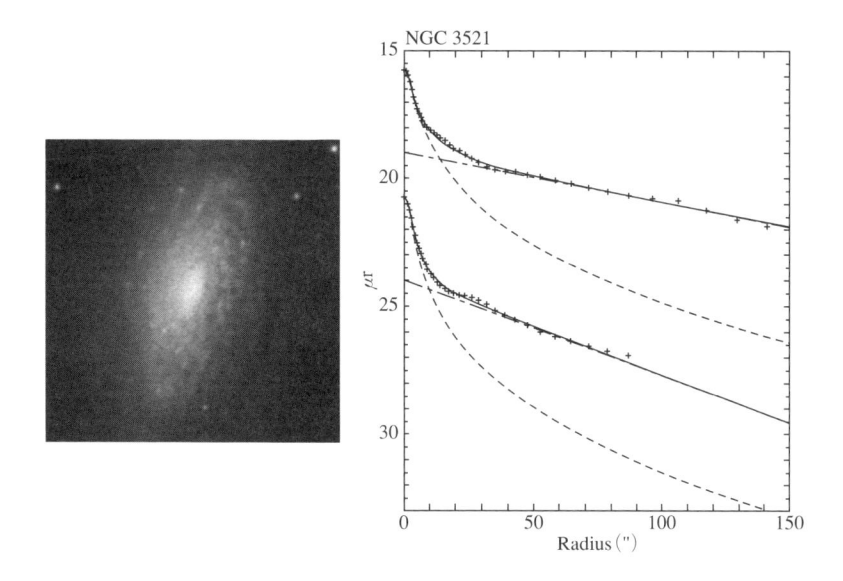

図3・14 スフェロイダル成分とディスク成分の分解例．銀河系と似た形態と思われる SABbc 型の NGC 3521 の場合．横軸は銀河の中心からの半径，縦軸は表面輝度．上が長軸方向，下が短軸方向のもので，わかりやすいようにずらして描いてある．右下がりの一点鎖線直線がディスク成分，中心集中の高い破線曲線がスフェロイダル（ここではバルジ）成分．実線曲線は両成分の合計．小さな十字点は観測点．実線は十字点の並びをよくフィットしている．（左）5分角の画像（DSS2-R），（右）は S.M. ケントによる分解（Kent 1985 ApJS 59, 115, fig.3）．

なく，位置角（回転）方向成分 $\mu(\theta)$ を調べたとき，楕円より箱型（boxy）に近いか円盤型（disky）に近いか，a_4 パラメーターと呼ばれるもので区別している[10]．a_4 パラメーターが 0 なら完全に楕円，正なら円盤型，負なら箱型としている（図3・15 参照）．箱型楕円銀河は X 線や電波で強度が高く，活動性の高い銀河と考えられている．銀河同士の衝突合体の形跡の認められるものも多くあり，箱型形状や高い活動性は銀河衝突によるものという考え方がある．

---

[10] 図上，横軸右方向を起点に，反時計回りに動径を回転させ，その回転角を θ とする．楕円フィットの残差をフーリエ級数展開する際，$\cos 4\theta$（楕円一周で cos 関数 4 周期分）の項の係数が a_4 である．

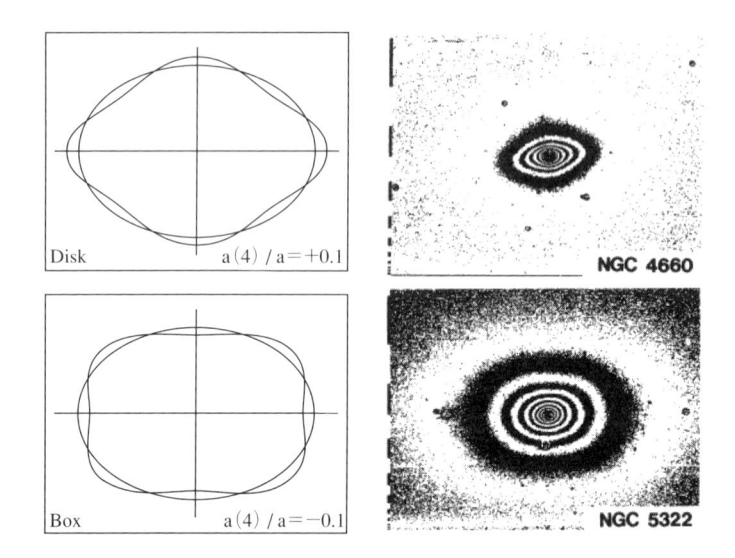

図3・15 a_4 パラメーターで区別される，円盤型楕円銀河と箱型楕円銀河．右側の写真は，輝度分布をわかりやすく表現するために，輝度が上がるにつれて白と黒が交互にあらわれるように処理したもの．左側は，軸の長さで規格化して a_4 パラメーターが＋0.1（上，円盤型）－0.1（下，箱型）の大きさをもつ場合を示したもの．NGC4660 は＋0.03，NGC 5322 は－0.01 の強さでフィットされる．R. ベンダーらによる解析（Bender R., Doebereiner S., Moellenhoff C. 1988 A&AS 74, 385, figs.5.6.7 を改変）．

3.4 渦巻銀河の渦状腕

　渦巻銀河の円盤上には渦状腕がある．式（4）のエクスポーネンシャル・ディスクは，円盤上，中心からいろいろな方向を取り，渦状腕の影響を平均化した表面輝度プロファイルである．渦状腕の形成については，銀河系の渦状構造の説明のときに紹介した密度波理論と呼ばれるものが1つの考え方になっている．腕は活発な星形成領域として見えている部分が連なったパターンでもある．銀河円盤は差動回転をしている．内側の方で回転角速度が大きいので，もし星形成領域がある場所に張り付いているような状況[11]であれば，渦状構造はどんどん巻き込みがきつくなっていくはずである．多くの銀河で，たまたま巻き込みが中程度になっている状態を，我々は見るべく偶然の時期に銀河を見

---

[11] 銀河の回転と同じ速度で回転する，ということ．

3.4 渦巻銀河の渦状腕

ている，というのは不自然である．これは渦状腕巻き込みのジレンマと呼ばれているものである[12]．

このジレンマを回避する考えの1つが密度波理論である．円盤上にわずかな物質密度の超過があると，円盤上を公転する星やガスがそこで圧縮を受ける．円運動の中での交通渋滞という表現もよく使われる．物質の疎密波が円盤上に腕状に立ち，これが渦状腕として見えているという考えで，銀河円盤の数値シミュレーションでもよく再現されている．ガスが圧縮されると星形成が促進される．生まれたての若い星（OB型星）は腕を明るく輝かせる．OB型星は数の上で，生まれた星全体[13]の中で考えるとごく少数であるが，ひとつひとつの星の明るさが非常に大きく，結果としてOB型星の集合の光度は全スペクトル型の星の光度の中で大きな存在感を示すことになる（6章6.1節参照）．O型星は数100万年，B型星は数1000万年の寿命をもっている．銀河回転が1周1億年程度のタイム・スケールであるので，公転運動で腕から離れたときにはすでにO型星は死に絶えている勘定になる．渦巻銀河の写真をよく見ると，腕の内側で暗黒星雲帯が目立ち，圧縮中のガスの存在を知ることができる．密度の比較的高いガスは原子ではなくて分子の形態を取るようになり，分子雲と呼ばれている．分子雲中の水素分子は大量にあるわりには観測が難しいのであるが，分子雲に含まれている微量の一酸化炭素は電波で明るい輝線をもっている．一酸化炭素輝線での電波写真を撮ると，暗黒星雲帯は明るく写る．暗黒星雲帯の下流側の方向（腕の外側）には，OB型星やそれを宿す散開星団が多数見られ，光の写真で見える渦状腕の本体部分を構成している（図3・16参照）．

渦状腕を説明するものとして，確率的星形成伝播モデルというものもあり，これを英語表記したものの略称でSSPSFモデルと書かれることがある．これはある場所で星形成が起こると，隣の領域で星形成が促進されるという現象を基に考えたものである．星形成が起こると，OB型星は強い星風[14]で周りのガ

---

[12] 腕が永続的でなく，出現しては消えを繰り返すのであれば，巻き込みのジレンマを回避できるだろう．この場合，腕は銀河円盤にある程度貼り付いていてもいいことになる．後述するSSPSFモデルがこれに相当するだろう．

[13] 特殊な場合を除き，星形成の際は，いろいろなスペクトル型の星が一斉に生まれると考えられている．

[14] 太陽は太陽風を吹き出している．恒星は一般に星風（恒星風）を吹き出し，OB型星の星風は非常に強い．

CHAPTER3 銀河をひとつひとつ見ていくと…

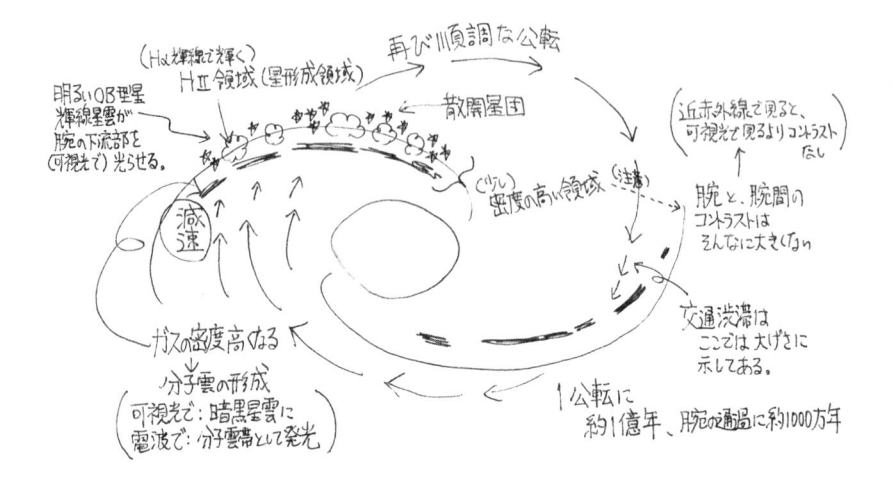

図3・16 密度波と，それによる腕の構造の模式図．

スを吹き払っていく．しばらくすると次々と超新星爆発を起こし，内側がコロナル・ガスで満たされた熱い泡を作る．その泡は高速で膨張し，さらに強力に周囲のガスを吹き払っていく．星間ガスは吹き寄せられ，球殻状に圧縮領域が形成される．この圧縮領域の中で，小さなガス塊への分裂と，個々の塊の重力不安定によるさらなる収縮が起こり，次の星形成が起こることが期待される．このように，あるところで星形成が起こると，周囲に確率的に星形成領域が伝播すると考えられる．実際，そのような観測例がいくつもある．よく使われるとはいえ例えが悪いが，火事が延焼するようなものである[15]．銀河円盤は差動回転しているので，延焼部分が半径方向に「ずれ」を生じながら引き伸ばされ，渦状腕の形状をもつ，というものである．数値シミュレーションでも渦状腕の形状の再現に成功している（図3・17参照）．

実際の渦巻銀河では，密度波によるもの，SSPSFモデルによるもの，どちらも起こっていると思われる．密度波理論ではグランド・デザイン型，SSPSFモデルでは羽毛状（フロキュレント）型の腕に対応しているという説もある

---

[15] 星の死が積極的に星の誕生を促進するとは面白いではないか．超新星残骸には，先代の星が輝いていたときに合成した重元素が含まれている．まさに星の世代の直接の継続といえる．

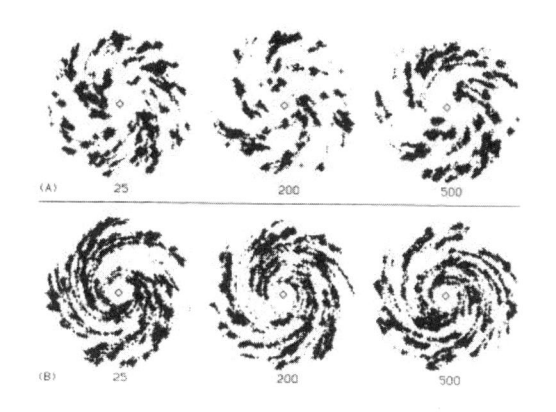

図 3・17 SSPSFのシミュレーションで渦状腕の再現をしたもの．上段は M 101，下段は M 81 を念頭にシミュレーションしたもので，図の下の数値は 15 億年を単位とした経過時間．H. ゲロラと P. E. ザイデンによるシミュレーション（Gerola H., Seiden P. E. 1978 ApJ 223, 129, fig.1）．

が，光で見た腕の形状はダストによる吸収や最近の星形成領域の分布の影響を受けやすいので，そう単純な対応にはならないであろう．実際，銀河円盤のガス運動解析や，分子雲地図の分析から，少なくとも大型の渦巻銀河では銀河全体の規模で見ると，密度波的腕構造で説明できる場合が多いようである．

3.5　銀河の衝突・合体

　銀河の世界は星の世界と違い，衝突・合体がよく起こる．これは，天体間の距離と天体自身の大きさの比の違いによっている．星の世界ではこの比は非常に大きく，事実上無衝突の系と考えることができる．たとえば太陽の直径は 100 万 km 程度であるが，一番近い恒星のケンタウルス座 α 星までは 4.3 光年で，40 兆 km 以上の距離がある．その比は 7 桁の数値になっている．一方，銀河の世界ではこの比がかなり小さくなっている．銀河系円盤の直径は約 10 万光年，距離は，隣の大型銀河のアンドロメダ銀河まで約 200 万光年，また，ある程度の大きさの矮小銀河の大マゼラン銀河まで約 15 万光年で，比は 1～2 桁の値にしか過ぎない[16]．銀河同士の接近があれば，潮汐力で銀河の形態が大

---

[16] ダーク・ハローの観点で見れば，もっと小さい値になるだろう．

きくゆがめられる．特に，もともと整然とした回転運動の円盤をもつ渦巻銀河で形態の乱れが目立つであろう．同じくらいの規模の銀河同士が衝突すると，テイル（尾）の構造が出ることがある．銀河をかすめるような接近で，疎密の強いグランド・デザイン型の渦巻構造が励起されることもある（おおぐま座の子持ち銀河 M 51 がその例）．ブリッジ（橋）のような構造も出てくる．相手の銀河が相対的に小型の場合，円盤のウォープ（そり）程度で済む場合がある．ウォープは実際には多くの渦巻銀河の円盤で見られる．これらの構造が顕著に出ると，不規則銀河として認識されることになるだろう．楕円銀河は星の系が全体としてランダムに運動しているのだが，このような系でも銀河衝突で形態の変化が出てくる．3.3 節で紹介した箱型楕円銀河もその影響であろう．楕円銀河の周囲に，リップル（さざ波，あるいは卵の殻）と呼ばれる構造が見えることがある．銀河の衝突の後，減衰振動のような動きをしながら合体していく際，形成されると考えられている．

　銀河が互いにひしめきあって存在している場合，互いに衝突・合体に向かうだろう．後の章で紹介する銀河団の中心部，あるいはコンパクト銀河群と呼ばれる場所で，これが起こっている．互いの潮汐作用でむしりあい，銀河の群れの共通のハローが形成されることがある．これがもっと進化すると，1 つの巨大な cD 銀河になるのであろう．楕円銀河に，ガスを多く含む小型銀河が飲み込まれると，星の系は混ざって見えにくくなるが，ガスの系は楕円銀河の重力場の中で，リング状構造を作って公転運動をすることがある．銀河中心部の方へ落ち込んでコンパクトなガス・リングを作る場合，銀河の外側を取り巻くように大きなリングを作る場合，いずれも起こりうる．外から付加された構造なので，リングの公転面は楕円銀河本体の構造に無関係になる．扁平度の高い楕円銀河（回転で扁平になっているというより，速度分散の非等方性が主原因と考えられる）の長軸方向と垂直にガス・リングがあると，ポーラー・リングとも呼ばれる．ガス・リングの粘性により，ガスの一部は銀河中心部にいずれ落下するだろう．また，ガスの系はいつもリング状になるとは限らず，不規則形状の広がりに見える場合も多くある．星の系も完全に混ざるわけではない．星の運動を解析していくと，特定の方向へ運動する星の群れを見つけることがあり，合体前の系の存在をとらえることができる場合がある．また楕円銀河の中

3.5 銀河の衝突・合体

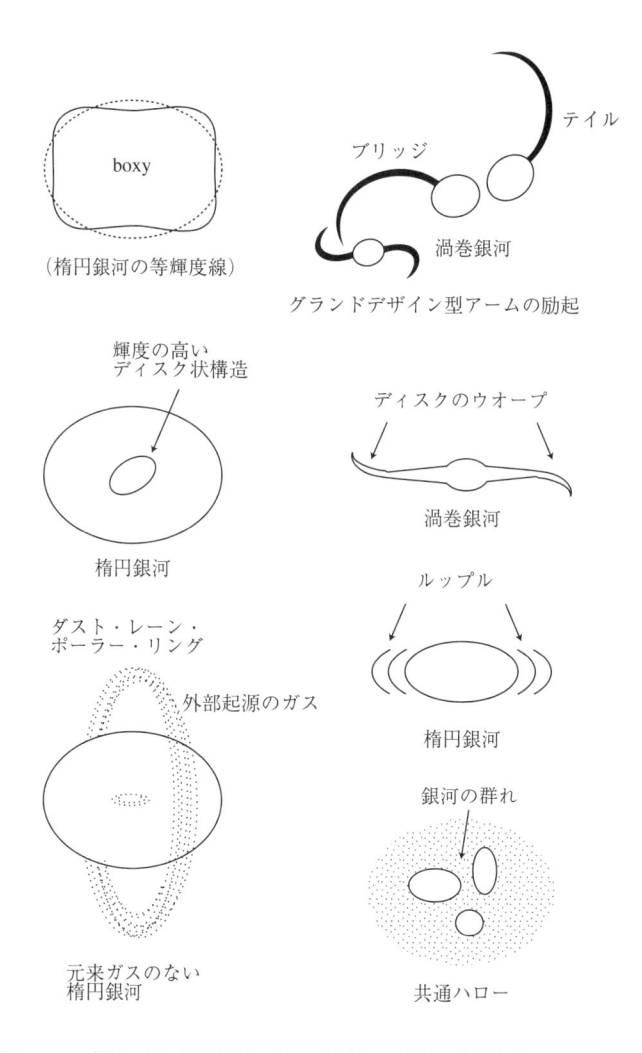

図 3・18 銀河-銀河相互作用によって引き起こされると考えられている構造.

心部に，rの1/4乗則プロファイルに上乗せするように，輝度の高い円盤状構造が見えることもある．これまで紹介したような銀河－銀河相互作用の産物として考えられているものを図3・18にまとめた．

　銀河の衝突・合体は銀河形態に影響を与えるだけではない．衝突に至らなくても，接近遭遇による潮汐作用でも，いろいろな影響が出てくる．銀河にガスが含まれていると，星形成が一気に高まる可能性がある．ガス塊同士の衝突が頻発し，銀河内でガスの公転運動が大きく乱され，動きがよどんだような所でガスの圧縮が起こるだろう．銀河内での回転成分を失ったガス塊は，銀河中心部に落ち込んでいくだろう．銀河中心部に超巨大ブラックホール（銀河形成期あるいは後の爆発的星形成の産物として，このような異様な天体が形成されると考えられている）があれば，その周囲へガスが供給されると降着円盤を発達させ，活動銀河核としての活動を高めることになる．活動銀河核から放射するエネルギーが，星の系全体によるものに量的に匹敵してくる場合もある．あまりに激しい星形成が銀河規模で起こってしまうと，引き続き起こる連鎖的超新星爆発が，銀河内に残っていたガスをすべて銀河外に放出してしまうこともあるだろう[17]．合体すれば銀河のサイズは大きくなり，また接近遭遇で銀河の一部がはぎ取られれば，サイズが小さくなることもあるだろう．一部が引きちぎられて，それが矮小銀河として親銀河から独立するものも出てくるだろう．そうすると銀河の個数計数も変わってくる．以上のように，衝突・合体や接近遭遇は，銀河の生い立ちを左右する大きな過程といえる．

3.6　銀河円盤の回転と質量

　これまでは見える物質による銀河の構成物を紹介した．見えるというのは，つまり写真に写ることを指している．写真に写らなくても，重力で相互作用するのであれば，運動状態の解析からその物質の存在を知ることができる．ある物質の周りの公転運動を考えてみよう．その公転半径 r と公転速度 v から，その公転軌道の内側にあるであろう物質の質量 $M(r)$ を，以下の式から知ることができる．これは重力と遠心力の釣り合いを条件にしている．

---

[17] 銀河風と呼ばれている．M 82 は，銀河風を吹いている現場として，もっともよく研究されている銀河の1つである．

3.6 銀河円盤の回転と質量

$$v^2/r = GM(r)/r^2 \tag{6}$$

$M(r)$ に対して解くと，以下の式になる．

$$M(r) = v^2 r/G \tag{7}$$

ここで，G は重力定数と呼ばれている物理定数である．r に地球の公転半径，v に地球の公転速度を代入すると，M として太陽質量が得られる．火星の公転半径と公転速度を代入しても M の値は同じである[18]．もちろん他の惑星での値でも同じ結果であり，このようにして我々は太陽系内の物質の質量を正確に見積もることができている．渦巻銀河の円盤の回転（銀河回転）からも，銀河の質量を見積もることができるはずである．図3・19は，銀河回転の観測例である．銀河の長軸にスリットを当て，分光[19]している．銀河のスペクトルの中には，輝線がいくつか現れる．一番よく使われるのは Hα と呼ばれる，水素原子の輝線である．オリオン星雲のような星形成領域での高温ガスの中の水素原子が発しているもので，波長は6562.8オングストロームである[20]．光が波の性質を持ち合わせていることを利用し，光源の視線方向運動をドップラー効果から知ることができる[21]．長軸上では，銀河回転の視線方向成分が一番大きく見えている（その値を v_r としよう）．短軸上では，銀河回転の視線方向成分が0になっている．銀河円盤が本来円形だと仮定すると，円盤の見かけの扁平度から円盤の法線と視線方向の角度 θ を見積もることができる．ここから銀河回転速度 v を

$$v = v_r/\sin\theta \tag{8}$$

として推算することができる．

図3・19から，銀河回転を直接読み取ることができる．その説明図を図3・20に示した．銀河回転による運動により，本来の波長とやや違った波長で輝

---

[18] 厳密には，太陽と，考えている惑星の質量の合計．太陽の質量はどんな惑星の質量と比べても桁違いに大きい．したがって，ここでは太陽の質量として扱うことができる．なお，これはケプラーの第3法則のことでもある．
[19] 光を波長ごとの強度分布に分解することであり，スペクトルを取ること．
[20] ぎりぎり可視光領域内で，赤色に見える波長である．輝線星雲のカラー写真の真っ赤な色は，Hα 線によるものである．ただし，望遠鏡を直接覗いて輝線星雲を見ても，灰色にしか見えないことが多い．これは光量が不十分なために，我々の色覚が十分に働いていないことによる．
[21] 速度の視線方向成分はドップラー効果から詳しくわかるが，視線方向と垂直な速度成分はドップラー効果からはわからない．

CHAPTER3 銀河をひとつひとつ見ていくと…

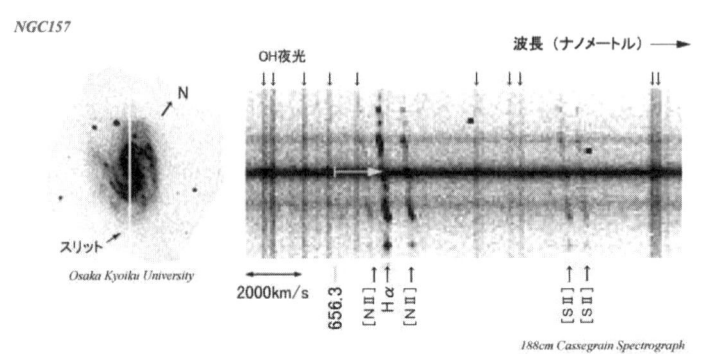

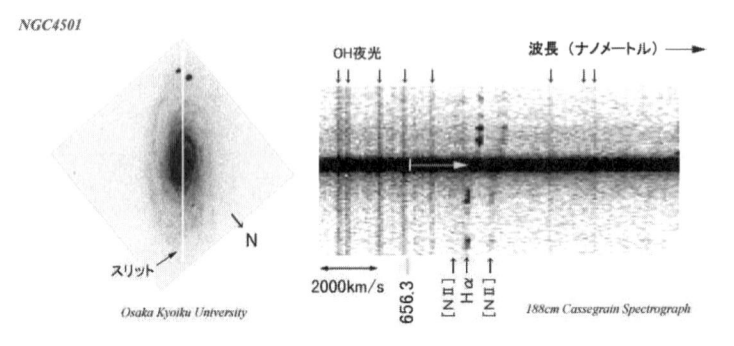

図3・19 銀河回転の観測の例．左側が銀河の直接像とスリットの位置（白く抜けている部分）．右側が分光画像．縦方向がスリットに沿った空間方向，横方向が波長ごとに分散した方向．横方向中央部の太い縞は，銀河中心部（主にバルジ）の表面輝度の高い部分の連続スペクトル．この連続スペクトルの上に示した矢印は，その起点は輝線の本来の波長の位置，矢印の先端は銀河が我々から遠ざかる速度に対応して赤方偏移した輝線の波長の位置．縦方向に，ややゆがんで点状に並んでいるものが，銀河回転に乗っているガスからの輝線．縦方向の直線は地球大気の発光（これも輝線）[22]．
岡山天体物理観測所での，小澤友彦と家正則の観測成果より（マルチメディア宇宙スペクトル博物館 可視光編，裳華房，粟野諭美他に掲載の画面より）．

3.6 銀河円盤の回転と質量

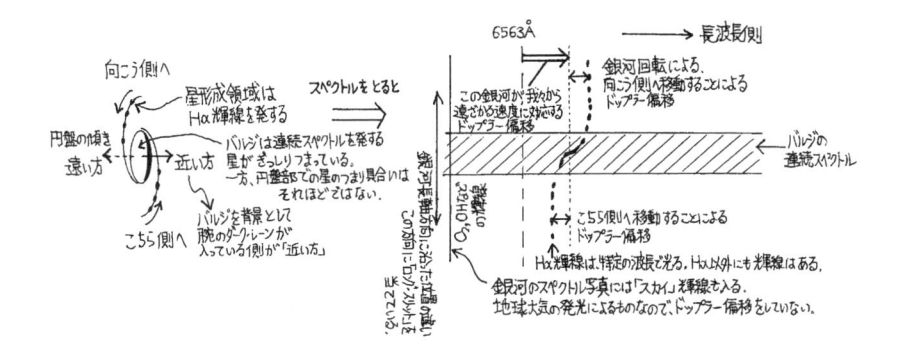

図 3・20 ロング・スリットを使った銀河のスペクトル写真から，銀河の回転を読みとる方法．

線が観測される．分光画像上側は長波長側（視線方向向こう側への運動）に，下側は短波長側（視線方向こちら側への運動）に偏っている．銀河中心からの距離にしたがって，銀河回転を決定していくことができる．図 3・21 は，そのような観測から，横軸に銀河中心からの距離，縦軸に銀河回転速度を描いたもので，銀河回転曲線と呼ばれているものである．

　銀河ごとに個性があるが，特徴を抜き出すと，①銀河中心から少しはなれたところですでに大きな回転速度をもち，②銀河中心からずっと離れていっても回転速度が落ちずにほぼ一定[23]，ということになるであろう．式 (7) で，v が r によらず一定とすると，

$$M(r) \propto r \tag{9}$$

ということになる．太陽系の場合，質量のほとんどは中心に位置する太陽が占めているので半径を大きく取ってもその内部の総質量はほとんど一定の値を取る．一方，銀河は中心から離れていっても連続的に質量が分布しているであろうから，$M(r)$ が r の増加関数になることは理解できる．しかし，式 (1)，(2)

---

[22] 遥か遠くの銀河のスペクトルをとれば，地球大気の発光のデータを得たことにもなる．なんとも面白いではないか．この地球大気の発光は，昼間に太陽からの光（特に紫外線などの短い波長，つまりエネルギーの高いもの）で励起した地球大気の分子や原子が，夜間に脱励起することによって起こる．まさに「夜光塗料」である．また地球大気が，地球―地球外空間との相互作用の結果，光るということは，まさにオーロラともいえる．

[23] これを平坦回転（フラット・ローテーション）と呼んでいる．

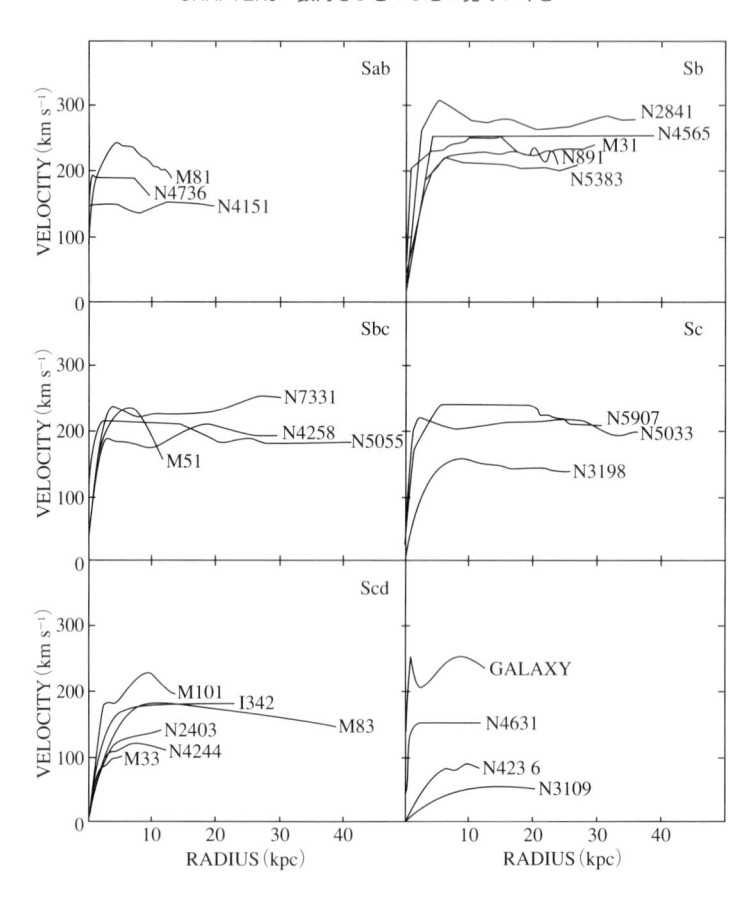

図 3・21 いろいろな銀河の回転曲線．A. ボズマによる成果（Bosma A. 1981 AJ 86, 1825, fig.3）．

に示したように，中心から離れるにしたがって，急激に光の強度は落ちている．光は星が出しているのであるから，光の強度が星の質量，すなわち銀河の質量の分布をある程度は示していると考えてもいいはずである．しかし，そうすると銀河質量は式（9）で示したものよりずっと中心集中しているはずなのである．それを示したものが図 3・22 である．

　光の分布，つまり写真に写っているものから判断すると，銀河中心からある程度離れると銀河回転速度が遅くなることが予想されるのであるが，実際にはそうはならずに平坦回転になっているのである[24]．写真に直接は写らない（あ

3.6 銀河円盤の回転と質量

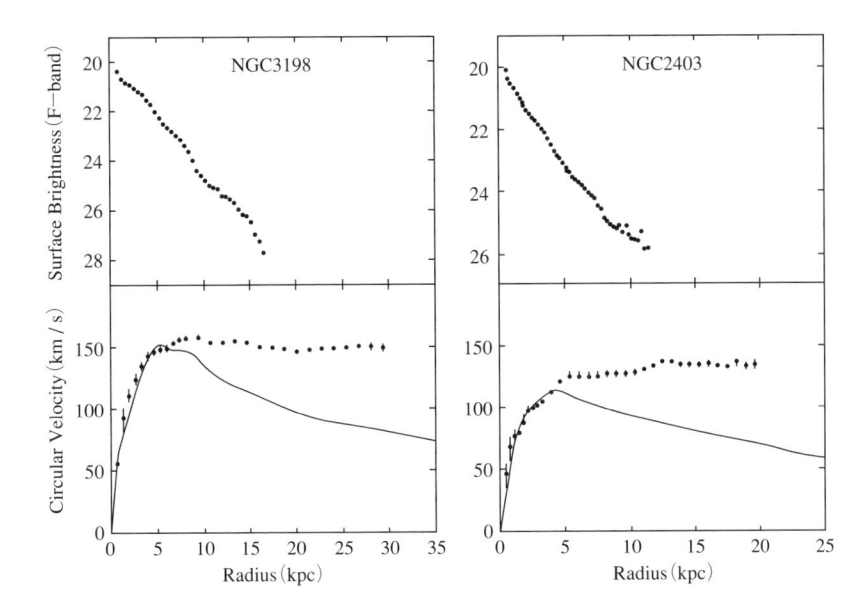

図 3・22 光っている物質の質量分布と，運動から求められる質量分布の差．NGC 3198（左，Sc 型）と NGC 2403（右，Scd 型）の例．上の段は動径方向で見た，銀河の表面輝度分布で，晩期型渦巻銀河らしく，エクスポーネンシャル・ディスクがよく見えている．下の段は，点が実際の回転曲線データ（H I の回転曲線）．実線曲線は，上段の表面輝度分布を質量分布（M/L 一定，ガスの寄与考慮）だと読み替えて再現した回転曲線．銀河の外側で，両者が一致しない．R. サンシシと T.S. ファン・アルバダによる解析（Sancisi R., van Albada T.S. 1987 IAUS 117, 67, figs.2,6）．

るいは写りにくい）物質，ダーク・マター（暗黒物質）が銀河の外側を取り巻いていると考えられている[25]．

　ダーク・マターの分布の中心集中度が，光っている通常物質より弱い，ともいえる．ダーク・マターは，実際に，どのような物質なのか現時点では不明であるが，ダーク・マターの候補はたくさん挙げられていて，1 種類の物質では

---

[24] 太陽系の惑星の公転運動は，フラット・ローテーションではない．ケプラーの第 3 法則が成り立っており，太陽から離れるほど公転速度が遅くなっている．半径 r と公転速度 v を与えると，公転周期 T は $T = 2\pi r/v$ である．ケプラーの第 3 法則は $r^3/T^2 =$ 一定ということを言っている．ここから v は r の $-1/2$ 乗に比例することがわかる．

[25] 重力レンズという写真の撮り方もあるので，写真術だけでまったく存在を知ることができないというわけではない．

ない可能性もある．一方で，議論の基になっている銀河回転曲線を，もっと正確に求めるべきだという主張もある．いずれにしても銀河のハローの外側に，ダーク・マターが通常物質を圧倒するダーク・ハローと呼ぶべき構成要素がありそうである．銀河を十分大きなサイズでとらえると，質量の上でダーク・マターの方が優勢になる．ダーク・マターでできた大きな入れ物があり，その中心部に通常物質が集まって，銀河として写真に写っている，ともいえる（図2・4参照）．

　銀河円盤が安定して回転していくという力学的な要請からも，ダーク・ハローが必要とされている．楕円銀河にもダーク・ハローの存在が示唆されている．また，銀河団中の銀河の運動の解析から，ダーク・マターは銀河間空間にも広がっていることが示唆されている[26]．銀河団中の銀河の運動の速度分散は，銀河の光度の合計から考えられる質量に対応するものよりずっと大きいのである．

　ダーク・マターは重力を及ぼすという点で通常の物質と同じ効果をもっている．星を作るという空間スケールでは，ガス（つまり通常物質）のもつ重力が，構造を形成する力になる[27]．銀河を作るという空間スケールでは，ダーク・マターのもつ重力が，構造形成で支配的になってくるのである．

---

[26] 歴史的には，これが最初のダーク・マターの指摘である．
[27] 他に磁場の影響も重要であるが，ここでは重力に焦点をあてて考えている．

● COLUMN3 ●

雷

　私が駆け出しの時，大学教員から落とされた雷のことである．私は何回も雷をくらった大学院生だった．一番記憶に残っている雷について書こう．

　大学院生の時にお世話になっていた教室では，学生教育のための小さな観測所をもっていた．その教室は，研究課題を一般公募していなかったが，教室内で公募し，簡単な内部審査をして時間割り付けをするという，共同利用の形を取っていた．私もちょっとした研究課題を申請し，5日間ほど割り当てをもらったことがあった．出発の数日前，観測所運営の世話をしている教員に，最後の2日間の天気予報が大変ひどいので，5日間を3日間の滞在に縮めてもらえないかと相談にいった．その分，観測所に行かずに別の仕事に切り替えようと思ったからである．

　その時，その教員に激しく怒られた．審査の結果，君のために用意した時間を，勝手に無駄に使うな，天気予報がどうかと言い訳にくるのは，研究への熱意が足りない，と雷が落ちてきたのだ．その教員は普段はとても温厚で，滅多なことで怒らない人だった．そういう人が怒る時は，とても怖い．私は，この雷で，研究課題への取り組みの姿勢が今一つだったこと，そして，教室内の運営の観測所ということに甘えていたことを自覚した．その後，どんな小さな申請でも，責任をしっかりもつよう態度を改めた．

　ところで，天文台では多くの職員が共同して仕事に当たっている．私が初めて天文台でデータ取得に出かけた時は，技術スタッフの充実に驚いたものだった．望遠鏡，そして観測機器ひとつひとつに対して，専門の担当者がいる．天文台で扱う機器には，手作りのものが多い．高度な機器がたくさんある上に，技術試験的な面もあるとなれば，突然の故障がよく起こる．そのような時，技術スタッフはいつでも現場に飛んできてくれる．共同利用の滞在者は数日間の滞在だが，技術スタッフは，交代があるとはいえ，毎日の仕事，しかも夜間の仕事で大変である．問題が発生したら迅速に状況把握するが，現在持ち合わせのない部品が必要，日数のかかる大がかりな修理が必要，という場合もある．

しかし，担当の人はさまざまなことを試し，十分ではなくても何とか観測続行できるように対応して下さる．横で見ていて，臨機応変の対応力，何とかしないといけないという責任感を大いに感じ入った．
　技術スタッフからも何度も雷を落とされた．雨の日は，人生論を含めて，たくさんの話を聞かせて下さった．天文台には技術スタッフだけでなく，事務の方々，日々の食事をはじめとして滞在の環境を整えて下さる方々など，さまざまな種類のスタッフがいらっしゃる．こういった方々からもいろいろな話を聞くことができた．
　最後に，観測機器が手造りであることを，しっかりお伝えしておきたい．私は観測機器の開発に携わったことがほとんどない．また，そのソフトウエア開発にもほとんど携わったことがない．このように開発の現場をあまり知らない者であるが，開発の大切さと大変さは，ずっと横で見ていてしっかり認識している．天文台で仕事をする機会がなければ，天文台では単に高価な機器を買い集めているだけ，と思われるかもしれない．しかし，これは事実に反している．確かに部品は高いが，技術開発で人手と時間，そしてお金がかかっているのである．そして，この開発の過程で，未来を担う多くの若手が育っていることを忘れてはならない．

CHAPTER 4
銀河を統計的に見ると…

　銀河についての記述について，前章からの続きである．3章は，銀河ひとつひとつに対する記述についてであった．本章では，銀河の集合に対しての，諸量間の関係に話題を移す．3章の前半では銀河の形態を示すものとしてハッブル系列を取り上げた．4.1～4.3節では，ハッブル系列と他の量との相関を紹介する．星は若いものが多いか，古いものが多いか（4.1節），新しい星形成の寄与はどのくらいか（4.2節），銀河のサイズに関する量はどうか，またガスの残り具合はどうか（4.3節）を紹介する．ハッブル系列が単なる形態分類にとどまらず，銀河の性質を理解するために有用なものであることがわかるだろう．そして星の集合体として見た銀河の生い立ちが，ハッブル系列とある程度の関係をもつことがわかるだろう．4.4節では，その銀河形態は周囲の環境にも影響されているという例を示す．4.5節では，銀河のサイズに関する量として光度をとり，その頻度分布を紹介する．4.4, 4.5節いずれも，銀河進化の全体像を扱う際に重要視される統計である．4.6節でふれる関係は，後述する6章で扱う銀河の空間分布の調査で威力を発揮する．

4.1　ハッブル系列に沿った色の変化

　銀河の形態は，オリジナルのハッブルの系列で言い尽くせるほど単純ではない．また銀河－銀河相互作用が頻繁に起こり，それに伴う銀河形態の遷移も見られる．しかし，そういった遷移的状況を除けば，スフェロイダル成分とディスク成分の優劣が，銀河形態最大の観点であることには違いないであろう．ド・ボークルールらは，銀河の性質をまとめたカタログ作りを進め，明るい銀河の参照カタログ（略号：RC）と呼ばれるものを出版し，1991年に第3版（RC3）を発表した．このカタログは，銀河のカタログのカタログというべき

もので，銀河研究者が，もっとも参照するカタログの1つになっている．このカタログでは，T指標と呼ばれている形態を表す数値を導入している．スフェロイダル成分優勢からディスク成分優勢の形態まで並べ，この順に大きくなるように数値を当てているのである．スフェロイダル成分だけの楕円銀河にcD銀河と矮小楕円銀河（dE）を含め，ディスク成分だけの銀河として矮小不規則銀河（マゼラン型）を当てて考えている．形態とT指標の対応を表4・1に示した．

表4・1　ド・ボークルールらによる，銀河形態のT指標（主要部）．

形態	E	S0	S0a	Sa	Sab	Sb	Sbc	Sc	Scd	Sd	Sdm	Sm	Im
T指数	−5	−2	0	1	2	3	4	5	6	7	8	9	10

　M82タイプの不規則銀河，銀河－銀河相互作用などによって，形態が歪められた不規則銀河などはこの系列には含めていない[1]．これ以降，表4・1で示した系列をハッブル系列と呼ぶことにする．慣習的にT指数の小さい値のものを早期型，大きい値のものを晩期型と呼んでいる．最初は，球形状の楕円銀河が収縮し，その後，回転する円盤をもつ渦巻銀河へと変化する力学的進化の可能性を考えて，便宜上の名前が付けられた．現在，これは間違った考えだとされている．しかし早期型，晩期型という名称は便利なので，今でもよく使われている．現在は，楕円銀河が進化して渦巻銀河になるとは考えられてはいないが，逆に，渦巻銀河が衝突合体して大きな楕円銀河になることがある．また，渦巻銀河が矮小不規則銀河に進化することも考えられていないが，逆に，矮小不規則銀河が衝突合体して，大型の銀河になることなら考えられる．皮肉なことに，晩期型から早期型へなら起こりうると考えられる．

　このハッブル系列は，銀河全体を示すいろいろな物理量の変化の系列と対応している．最もわかりやすいものが，銀河の色であろう．2章2.4節で述べた星の種族の考え方が役に立つ．この考え方は銀河系だけでなく銀河一般で成り立っている．スフェロイダル成分は，種族IIで構成されている．古い世代の星でできているため，全体として黄色っぽい色をしている[2]．ディスク成分

---

[1] T指標としては90などの数値を当てている．

4.1 ハッブル系列に沿った色の変化

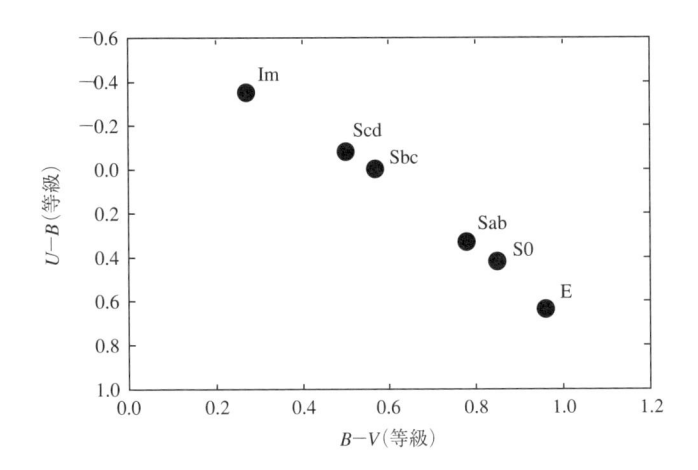

図4・1 ハッブル系列に沿った，銀河全体の色の違い．縦軸，横軸ともに色指数で，数値が小さいほど青い色であることを示す．図の左上側が青い色，右下側が赤い色に対応し，ハッブル系列に沿って単調に変化することがわかる．福来正孝らの研究による（Fukugita et al. 1995 PASP 107, 945, table3 をもとに作成）．

は，種族 I で構成されている．現在も星形成をしているので，短命ではあるが大変明るい OB 型星の寄与が目立ち，結果として青白い色を帯びることになる．ここでは銀河全体を平均化した色を考えてみる．図 4・1 にそれを示した．色は，色指数と呼ばれている指標を使う．色指数は，一般に波長の短い帯域での光の強度を等級で示したものから，波長の長い帯域での等級を引いた値で示し，色指数が大きな値をとるほど赤っぽい色に対応している．ここでは $U-B$ と $B-V$ と呼ばれているものを示している．U は紫外域[3]，B は可視光の青色帯域[4]，V は可視光の緑色帯域[5] に対応している．銀河全体の色は種族 I と種

---

[2] 赤い方，青い方という言い方をすれば，赤い方．
[3] 紫外域といっても可視光域と紫外域の間くらい．中心波長は 360 nm，波長域は半値全幅で 53 nm．U は ultraviolet（紫外）の頭文字から．
[4] 中心波長は 440 nm，波長域は半値全幅で 100 nm．B は blue（青）の頭文字から．
[5] 中心波長は 550 nm，波長域は半値全幅で 83 nm．V は visual（実視という意味；肉眼でもっとも感度の高い波長帯だから）の頭文字から．なお，実視等級というのは V バンド等級（つまり，緑色の波長帯での明るさ）のこと．実視等級という語を見かけの等級という語と混同する例がみられるが，まったく違う概念である．見かけの等級（明るさ）と対比されるのは，星の光度（放射エネルギー）である．両者を橋渡しするのは，その星までの距離である．

族IIの相対比であると考えられ，色が青いほど種族Iの割合が高く，星の平均年齢が若いと考えられる．

4.2 ハッブル系列に沿ったHα輝線強度の変化

ディスク成分には新しい星がたくさん含まれている．星形成領域の高温ガスからは輝線が強く出ている．可視光域で一番目立つのがHα輝線である．Hα輝線が強いほど，星形成量が多いと考えて良い．4.1節で述べたように，ハッブル系列と星の平均年齢に相関がある．したがって，ハッブル系列はHα輝線の強度とも相関が出るはずであろう．銀河のスペクトルは，主に星からの光による連続スペクトルと，高温ガスによる輝線スペクトルが合わさったものになっている．図4・2のように輝線の等価幅という量が定義されていて，観測上よく用いられている．実際には，スペクトルの線は，ある幅をもって観測される．ガスの温度やガス塊の運動状態に対応した自然の線幅というものがあるが，実際多くの場合は，分光器のスリット幅によって決まる機械的な線幅が圧

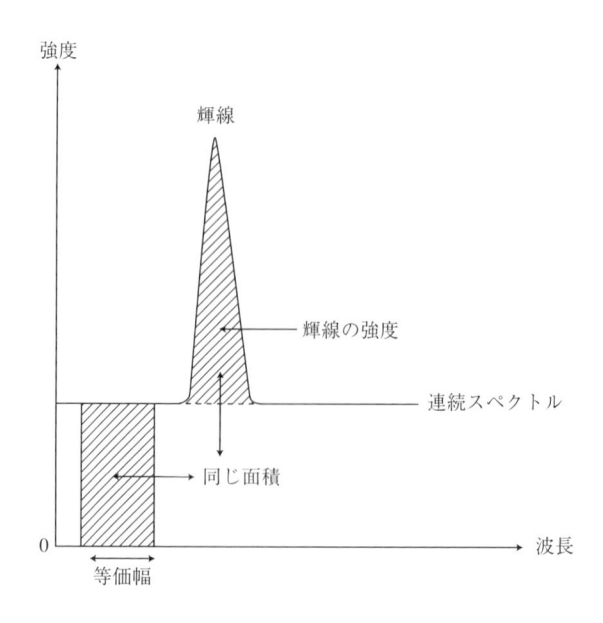

図4・2 輝線の等価幅．観測値が求められやすく，よく使われる．

4.2 ハッブル系列に沿った Hα 輝線強度の変化

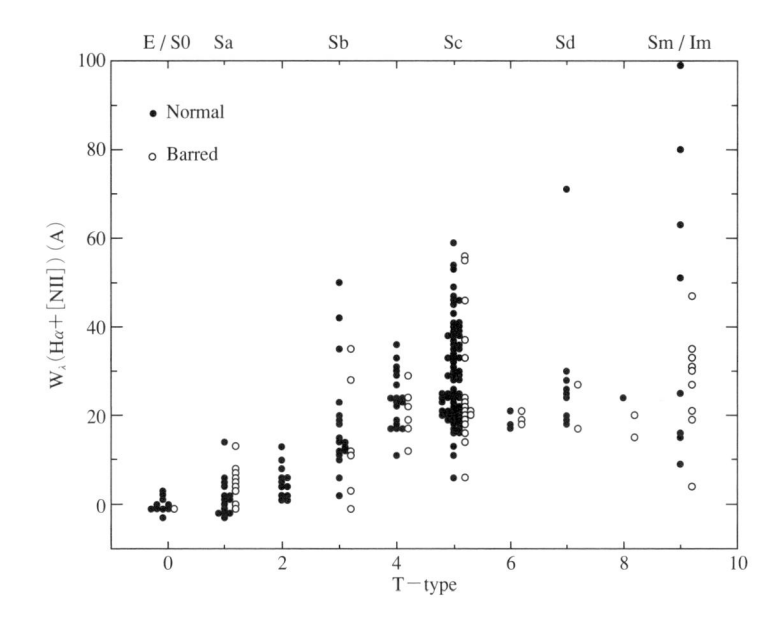

図 4・3 ハッブル系列に沿った，Hα 輝線等価幅の変化．黒丸は棒構造なし，白丸は棒構造あり．Hα + [N II] とは，Hα 輝線（656.3 nm）と，波長で隣接する窒素の一階電離の 2 本の輝線（654.8 nm，658.3 nm）をすべて含めて，という意味である．なぜなら観測の際に分離が難しいからである．R.C. ケニカットによる（Kennicutt R.C., Jr. 1998 ARA&A 36, 189, fig.3）．

倒する．輝線の幅やピーク値はこのようにスリット幅などの機器の状態に依存するものの，線の輪郭が作る面積に相当する輝線の強度は，機器の状態によらない．したがって，等価幅も機器の状態によらないのである．

連続スペクトル強度は，これまで形成されてきた星の量，輝線スペクトル強度は，現在形成されている星の量と相関していると考えてられる．とすると，Hα 輝線等価幅は，銀河中の星の量で規格化した現在の星形成率を示しているとして良いであろう．図 4・3 にハッブル系列と Hα 輝線等価幅の相関を示した．これを見ると，図 4・1 で示した色で見た相関ほど強い相関は出ず，銀河同士で個性がかなりある．色の青さよりも Hα 輝線の方が星形成の時間尺度として短い．つまり，より最近のものに対応しているために，星形成史の時間変化の振れの影響が出てしまうことが原因の1つであろう．また，星形成領域は

まだ濃いガスに埋もれている場合があり，Hα輝線が銀河外に出てくるまでに受ける吸収量も，状況に応じてまちまちである可能性がある．晩期型にいくにしたがって，Hα等価幅の頻度分布の分散が大きくなることにも注目すべきである．図4・3の右端は矮小不規則銀河を含むグループに対応しているが，ほとんど星形成を行っていないものから，非常に活発な星形成を行っているものまで，まさに千差万別である．これは銀河のサイズが小さいことにもよっているだろう．

4.3 ハッブル系列に沿った質量や光度の変化

図4・4は，銀河の質量や光度を示したものである．光度は，ここではBバンド（可視光青色帯域）での放射エネルギーを，太陽光度（波長帯域全てで考えた放射全エネルギー）を単位にして示している．質量は銀河回転などを基にして力学的に求めたもので，ダーク・マターを含んでいる（もう少し正確に言うと，光あるいは電波で見えている領域内での，ダーク・マター込みの質量）．単位は太陽質量である．

質量，光度とも，早期型ではあまり変化がないが，晩期型になるとかなり小さくなっている．質量光度比（太陽での値を単位）が一番下に示されている．以下，質量光度比をM/Lと記す．星ひとつひとつを考えてみると，光度は質量の3〜4乗程度の関数になっている．質量が2倍になるだけで，10倍以上のエネルギー放出率となるという関係である．星はいろいろな質量をもっているが，大きい方で数10太陽質量，小さい方で0.1太陽質量より少し小さいあたりが限界になっている．M/Lは大質量星ほど小さな値をもつことになるが，いろいろな質量の星のM/Lを質量ごとの星の存在頻度で重みをかけて平均すると，星の集団全体でのM/Lの値は1よりも大きな値になる．図4・4によると，M/Lは10よりは小さい，数の程度，というところである．星になっていないガスの寄与などを考えても，星の集団として期待される値よりやや大きめの比の値が出ている．つまり，ダーク・マターの寄与がある程度あるわけである．質量光度比はハッブル系列に沿って大きな違いが出てはいないが，あえて言えば，晩期型の方で値が小さくなっている．したがって，若い星が多く，短寿命の大質量星が多くなり，全体のM/L値が小さめに出るとして理解できる．

4.3 ハッブル系列に沿った質量や光度の変化

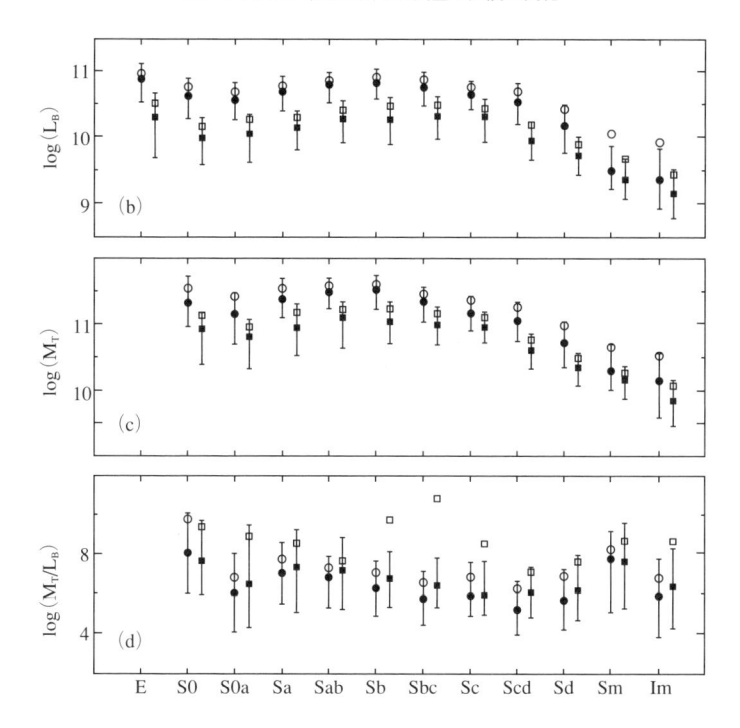

図4・4 ハッブル系列に沿った，質量と光度．縦軸の M_T はダーク・マター込みの質量，L_B は可視光 B バンドでの光度で，いずれも常用対数を取って示してある．丸と四角はサンプルの違い，中抜きは平均値，中埋まりはメジアン値，誤差棒は，25 および 75 パーセンタイルを示している．M.S. ロバーツと M.P. ヘイネスによる（Roberts M.S., Haynes M.P. 1994 ARA&A 32, 115, fig2）．

もっと晩期型になると，再び M/L 値が大きめに出ている．これは質量の中で星が占める割合が減ってくるからと思われる．まだガスが多い，成長の鈍い銀河ともいえる．

最後に，銀河のガス割合を図4・5に示した．ここでは中性水素原子ガス（H I ガス）の質量を見ている．ガスの主成分は水素である．ガス密度が濃くなっているところは，分子の形態を取るようになり，分子雲（主成分は H_2）として存在している．分子雲の中で星形成が起こると，生まれた星，特にO型星は周りのガスを高温の電離ガス（H II ガス）に変える．このように，水素のガスといっても，いろいろな「相」があるのである．銀河全体のガスの量とし

て，HIガスがよく対象とされる．これは銀河の中に大局的に存在しているからである．HIガスの総量は，ハッブル系列中央部で最大になっている．早期型になればガス欠の銀河（スフェロイダル成分が優勢）に，晩期型になれば小型の銀河が多くなる，ということが影響しているからであろう．次に銀河の光度や質量で規格化して考えてみると，きれいな相関が出る．晩期型になるほどガス割合が高くなっているのである．ガス割合は，早期型ではパーセントの桁であるが，晩期型になると10%を超えてくる．

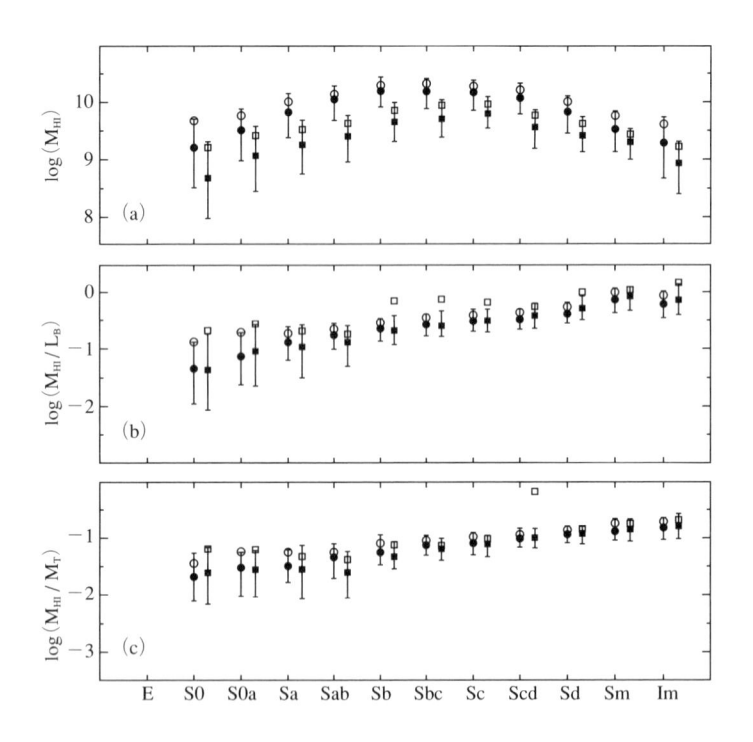

図4・5 ハッブル系列に沿った銀河のガス割合．縦軸の M_{HI} はHIガス質量で，常用対数を取って示してある．記号の意味は図4・4と同じ．図4・4，4・5の原典ではハッブル定数 $H_0 = 50$ km s^{-1} Mpc^{-1} としている．光度や質量はハッブル定数の取り方に依存し，$H_0 = 73$ km s^{-1} Mpc^{-1} の場合に換算したければ，元の値を2.1倍（log の表現なら + 0.33，ここで log は底を10とする常用対数）すれば良い．比を取った場合，値に変化はない．M.S. ロバーツと M.P. ヘイネスによる（Roberts M.S., Haynes M.P. 1994 ARA&A 32, 115, fig4）．

4.4 銀河の光度関数

多数の銀河を含む集合を対象にしたときに見られる，この他の関係をいくつか選び，以下に紹介する．

銀河の規模を示すものとして，質量，直径，光度が考えられる．質量がはっきりわかると良いのであるが，ダーク・マターの問題がある．直径も測定は簡単ではない．銀河は写真からわかるとおり，へりがはっきりしないからである．したがって，ある表面輝度よりも明るいところを銀河の領域とする，という工夫が考えられる．しかし，点対称的な形態の銀河であっても，表面輝度の低いところでは多くの場合，銀河－銀河相互作用の影響で不規則形状が目立ち，直径を測ることが難しくなる．ある波長帯域で測定した，銀河の領域積分の光度は比較的観測が容易である．光度ごとに銀河の頻度分布を調べ，両者の関係を関数で表したものを光度関数と呼んでいる．銀河ひとつひとつの規模に

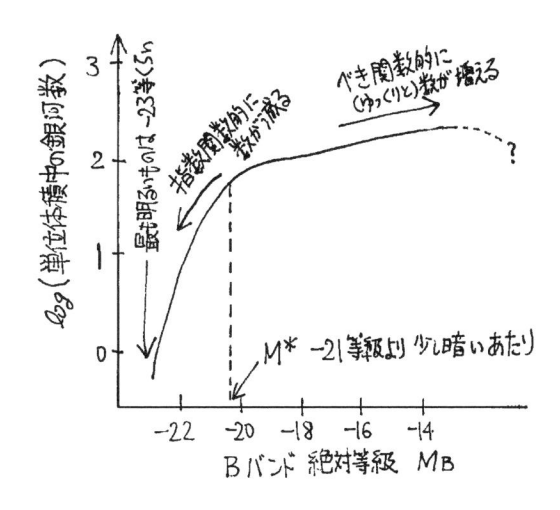

図4・6 模式的に描いた銀河の光度関数．ここでは横軸に B バンド（可視光青色帯域）での絶対等級の例を示した．別の波長帯域でもいいし，光度の単位で表現してもいい．縦軸は対数目盛での，体積あたりの銀河の個数頻度（ここでの対数は常用対数で，数値自体は任意の値）．M^* の値を境に，それより明るいものが指数関数的に極端に減り，それより暗いものがべき関数的に増える形がよくみられる．銀河の形態ごとに分けると，それぞれ占める場所があり，それらの合計がこのシェヒター型の関数になる．したがって，サンプルの取り方によって光度関数の形が変わり，逆に光度関数の形からサンプルの性質を調べることができる．

関する頻度分布として，もっともよく使われている．

図 4・6 は，銀河の光度関数を模式的に示したものである．横軸に絶対等級，縦軸に単位体積あたりの銀河数の常用対数を取っている．絶対等級は 10 pc の距離に天体があったときの見かけの明るさを示していて，太陽なら B バンドで 5.5 等級である．数値が小さくなるほど明るいものに対応し，1 等級分明るくなることはエネルギーが約 2.5 倍大きくなることに対応している．ある明るさ（M^* と表し，エム・スターと読む）より明るくなると急激に銀河数が減り（指数関数的），逆に暗くなると比較的ゆるやかに増えていっている（べき関数的）．絶対等級（M）ではなく，エネルギー単位の光度 L で記すと，光度関数は以下のシェヒター関数と呼ばれるものでよく近似される．

$$\phi(L)\,dL \propto (L/L^*)^\alpha \exp(-L/L^*)\,d(L/L^*) \tag{10}$$

M^* が L^* に対応しているものである．M^* として B バンドで -20.5 等級程度が 1 つの目安である[6]．M^* は大型銀河に対応しているのであるが，銀河サンプルに対する 1 つの典型値を与えていると考えられる．つまり，これより明るいと急激に数が減り，これより暗いと目立たないのである．銀河のサンプルを変えると，べきの値 α や典型的明るさ M^* がある程度変わるであろう．逆にこれらの変数を調べることで，銀河に対する環境効果や銀河の進化を調べることができる．詳しくは銀河の進化の章（7 章）で紹介する．なお，銀河系の明るさは，M^* よりわずかに明るいと考えられている[7]．

4.5 形態−密度関係

以上の光度関数では，すべての種類の銀河を含めて議論していた．銀河の形態ごとに区切って光度関数を求めると，シェヒター型の関数にならず，ひと山

---

[6] 太陽の絶対等級が B バンドで 5.5 等級，等級差の 5 はエネルギーとして 100 倍の違いということを頭に入れると，-20.5 等級は太陽光度（太陽が放射する光エネルギーのこと）の何倍か，計算できる．26 等級の差は 250 億倍の違いとなる．M^* 銀河は，太陽光度の 250 億倍の光度をもっている，ということになる．ダーク・マターなしの星の集合に対して M/L は数程度だから，これは星の質量として太陽質量の 1000 億倍程度ということになる．

[7] M という記号は，等級（magnitude）に対して用いる場合と質量（mass）に対して用いる場合があり，そのどちらであるかは，文脈に注意．M_B は B バンド等級，$M_\odot$ は太陽質量，M^* は恒星質量（ガス質量でなく，ダーク・マター質量でなく，という意味），M^* は光度関数での典型的銀河質量．

4.5 形態—密度関係

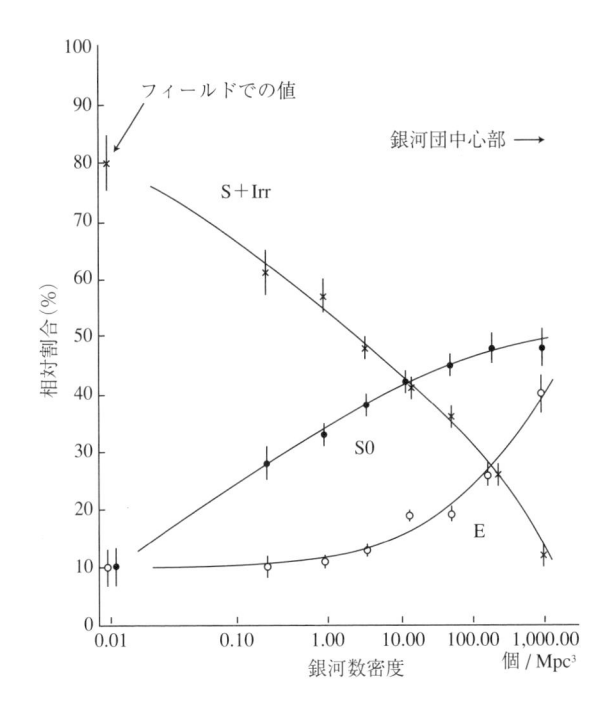

図 4・7 銀河の形態−密度関係．横軸はその銀河の周囲の銀河個数密度で，その値が高いというのは，リッチな銀河団の中心部に近いということにおおむね対応している．この値の低い方の極限は，フィールドと呼ばれる環境である．これは銀河団に属していない領域，という意味で，例えば銀河系はフィールドにある銀河といえる．銀河を楕円 (E)，レンズ状 (S0)，渦巻および不規則 (S + Irr) の 3 者に大別し，その相対割合を縦軸に示してある．フィールドでは 8 割が S + Irr である（銀河系もアンドロメダ銀河も S に入る）一方，周囲の密度が高くなると S + Irr の割合が減り，E と S0 がほとんどを占めるようになる．A. ドレスラーの研究による (Dressler A. 1980 ApJ 236, 351, fig.4 を改変).

の分布や，暗い方でどんどん数が増えるような崖型の分布になったりする．それらが組み合わさってシェヒター型の分布になっている．

　楕円銀河と渦巻銀河を区別（あるいは早期型銀河と晩期型銀河を区別）して考えてみよう．実は楕円銀河の多いところには渦巻銀河が少なく，渦巻銀河の多いところには楕円銀河が少ないのである．図 4・7 は，A. ドレスラーが 1980 年に，銀河形態は銀河が存在する環境と相関することを始めてはっきり示したものである．55 個の銀河団（5 章 5.4 節で詳述）の中の銀河を，E, S0, S + Irr

（楕円，レンズ状，渦巻あるいは不規則）の3種類に目視で大別し，それら銀河1つずつに対し，局所的な銀河数密度を求めたのであった．すると，図のような非常にきれいな相関が出てきたのである．銀河が密に分布している銀河団中心では，E＋S0の早期型銀河でほとんど占められ，銀河が疎に分布しているところではS＋Irrの晩期型銀河でほとんど占められていたのである．これを銀河の形態－密度関係と呼んでいる．銀河の周囲の環境によって，できあがってくる銀河の形態が違ってくるのであろう．銀河進化に関連していると思われる統計的性質である．

4.6　タリー・フィッシャー，フェイバー・ジャクソン関係

次は銀河内部の運動に目を移そう．渦巻銀河は回転円盤をもっている．銀河回転速度の最大値 v_{max} と銀河の光度 L との間に，

$$L \propto v_{max}^4 \tag{11}$$

という関係が知られている（図4・8参照）．これを研究者らの名前から，タリー・フィッシャー関係と呼んでいる（Tully R. B., Fisher J. R. 1977 A&A 54, 661）．

v_{max} はいろいろな方法で求められるが，一番よく使われているのは，HIガスの波長21cm輝線の輝線幅である．電波では光の観測と違って，空間分解能

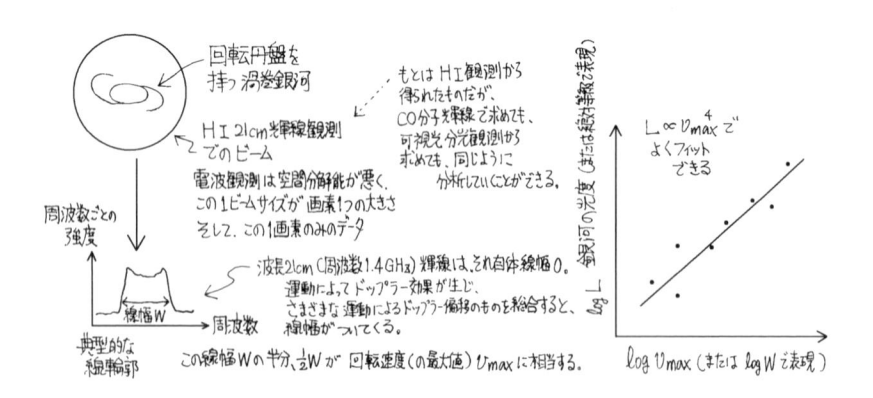

図4・8　タリー・フィッシャー関係．回転円盤をもつ銀河に対し，その回転速度が速いほど，銀河の光度が大きいという関係．

4.6 タリー・フィッシャー，フェイバー・ジャクソン関係

は一般によくない．大気揺らぎを別にして，理論的な空間分解能は観測波長に比例し，望遠鏡口径（電波望遠鏡ならパラボラ・アンテナの直径）に反比例する．肉眼（瞳孔直径 7 mm）で見た可視光域（たとえば波長 0.5 μm）での空間分解能は，野辺山宇宙電波観測所の直径 45 m 電波望遠鏡遠で見た電波領域（たとえば一酸化炭素分子の波長 2.6 mm 輝線）での空間分解能と同程度なのである．遠方の銀河になってくると，電波のビーム一点で銀河全体をとらえることになる．銀河回転に乗っている H I ガスからの放射は，種々のドップラー効果をもって地球に向かってくる．わずかに波長が違っている成分同士が合わさった，1 本の太い輝線だけが最終的に観測されることになる．その線幅が $v_{\max}$ の 2 倍に対応しているのである[8]．タリー・フィッシャー関係は銀河までの距離の測定に使われる（5 章 5.1 節で説明）．

楕円銀河の場合も，タリー・フィッシャー関係に似た関係が知られている．楕円銀河は，系全体としての回転成分がほとんど見られない．回転で構造を支持しているのではなく，速度分散で支持しているのである．つまり，圧力で支持しているということである．楕円銀河には H I ガスがほとんどないため，21 cm 輝線は見えない．その代わり，星のスペクトルの中の吸収線の太さを使って，星の系の速度分散 σ を求める[9]．スリット幅に対応した機械幅があるが，その影響を取り除いて本来の線幅を計算する．これが銀河円盤の回転速度最大値に対応する．図 4・9，式（12）に示した関係が得られ，フェイバー・ジャクソン関係と呼ばれている（Faber S. M., Jackson R. E. 1976 ApJ 204, 668）．

$$L \propto \sigma^4 \tag{12}$$

吸収線の輪郭測定は，輝線の輪郭解析より一般に難しいものである．大型楕円銀河の中心部で観測されることが多い．フェイバー・ジャクソン関係も銀河までの距離の測定に使われている．光度よりも楕円銀河の実際の直径 D_n（あ

---

[8] 速度の向こう向きとこちら向きの成分が合わさっているので，線幅は回転速度の 2 倍分に相当する．銀河回転面の視線方向との傾きによって，回転速度の一部分のみ視線方向に投影されるので，その分の考慮が必要である．この方向きは，円盤銀河であれば，その円盤の見かけの軸比から決めることができる．

[9] 統計学では普通，分散という語は標準偏差 σ の 2 乗のものとして扱う．天文学で速度分散という場合，速度の頻度分布に対して平均値からのずれを考え，値としてその標準偏差を指す場合が多い．ここでもそれにならって速度分散という語を使い，記号として σ を当てている．単位として km s^{-1} がよく使われる．値として 100 km s^{-1} が 1 つの目安．

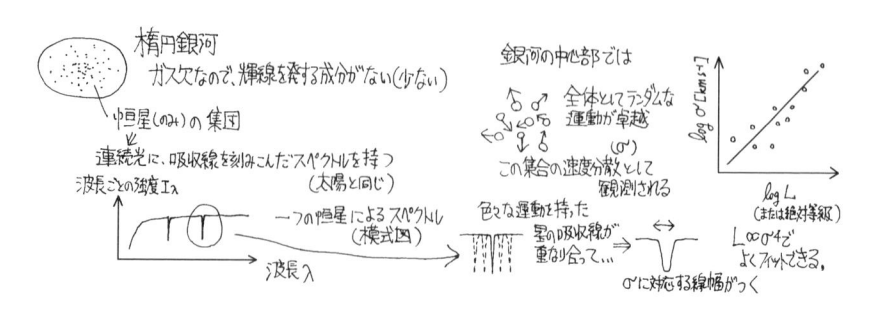

図4・9 フェイバー・ジャクソン関係．渦巻銀河に対するタリー・フィッシャー関係と等価なものが，楕円銀河に対して成立している．タリー・フィッシャー関係では回転円盤に乗るガスを見ているが，フェイバー・ジャクソン関係では星の系の速度分散を見ている．

る表面輝度でのサイズで）の方が，速度分散と良い相関を示しており，

$$D_n \propto \sigma^{1.33} \tag{13}$$

という関係で示されている（あまりしゃれた名がなく，単に $D_n - \sigma$ 関係と呼ばれている）．この関係では，距離によらない量（L や D_n）と距離による量（見かけの明るさや大きさ）の比較ができ，距離の指標となるのである．

銀河の光度，サイズ，回線速度や測度分散といった銀河全体を表す物理量が，ある一定の関係で結ばれている[10]わけで，生まれ育ちがいろいろであろう銀河の集合にこのような関係があるということは，銀河が力学的に進化して，比較的短時間に達成される状態がある，ということを示していると考えられる．

ここで紹介した3つの関係式（11）〜（13）は，以下のように解釈することもできる．タリー・フィッシャー関係が扱いやすい．質量 M，半径 R，回転速度 V の円盤を考えると，重力と遠心力の釣り合いから，

$$GM/R^2 = V^2/R \tag{14}$$

が成り立つ．光度 L は質量 M に比例し，また半径 R の2乗に比例（円盤の面積）とすると，

$$L \propto V^4 \tag{15}$$

となって，式（11）が出る．式（12）は式（11）と等価的であり，楕円銀河に

---

[10] これらの測定量を軸にとった超空間内で，ある超平面上に実際の量が分布するということであり，これを基本平面と呼んでいる．

4.6 タリー・フィッシャー,フェイバー・ジャクソン関係

対しては,L あるいは M が D_n の 3 乗に比例する(体積的に比例)とすれば,式(12)から式(13)も出てくる.

● COLUMN4 ●

幻聴，幻覚

　観測で何晩もがんばっていると，さすがに疲れてくる．そうすると，観測中に幻聴が聞こえてくる．

　疲れは，やはり夕方より明け方にでてくる．判断力が鈍るし，体の動きがおぼつかなくなってくる．データ取得は，ある程度自動化することができる．また，望遠鏡やカメラの制御，データの取得はすべて計算機で制御されている．したがって，少しの間だが，計算機からの返事を待つ時間がある．少しぼーっと椅子に座っていると，いろいろな音が耳元で聞こえてくる．

　私がよく聞いたのは，電子音が奏でる音楽である．これには理由がある．鈍った判断力でも作業を正確に行うため，ある作業の開始あるいは終了時に，機器から音を鳴らすよう設定することがよくある．何種類もの作業をそれぞれ区別するため，いろいろ違った音が鳴り，これが耳についている．また計算機は，空冷のファンの音が「静かにやかましい」．これらの高周波の音は，幻聴を誘いやすいのだ．

　実は，幻聴と本当の音を聞き分ける方法がある．聞こえてくる音は，両者まったく変わらない．しかし幻聴なら，「ここで一時停止」と念じると一時停止すのである．「最初からやりなおし」と念じると，最初から再生される．一方，本当の音なら，こちらの思いと関係がない．これですぐに，また，確実に両者を区別できる．もちろん，幻聴が聞こえてきても停止させずに，それを聞き続けて楽しむこともある．

　光学観測（可視光や近赤外線の観測のこと）は夜間だけだが，電波観測は昼間にできるから疲れないだろう，と聞いてきた友人がいた．電波で空を見ると，太陽の方向はまぶしいが，青空やちょっとした雲を通しても天体がちゃんと見えているからというのだ．しかし，よく考えほしい．電波観測は夜にやめる理由はない．つまり，昼も夜も，24時間ぶっ通しの観測になることも多々ある．24時間ぶっ通しの時は，チーム内で2交代制をしいて担当するので，1人が24時間通しでコンソールの前に座り，モニターを眺め続け，キーボ

幻聴，幻覚

ードを乱打するわけではない．しかし，電波観測はきつい．幻聴にはたびたびお世話になった．

　幻聴を聞くのは私に限ったことではない．共同研究者に聞くと，多くの人が聞いている．海外で観測していた時，その国の人にも聞いてみたが，同じく幻聴を聞くとのことだった．どんな幻聴をよく聞くか，互いに紹介し合あって楽しむこともある．

　疲れが極度に達すると，幻覚が見えるらしい．「らしい」と書いたのは，私は観測中に幻覚を見たことがまだないからである．しかし国内外の共同研究者から，何晩も幻聴を楽しんだ後，ついに幻覚が出た，という話をたびたび聞いた．私はまだ修業が足りないようである．

CHAPTER 5
銀河の空間分布

　何を言えば銀河の世界を説明したことになるか．3，4章に続く5章では，銀河の集団について説明する．銀河は宇宙の中にまんべんなく空間分布しているのではなく，階層的に構造を作って分布していることがわかっている．これを知るためには，銀河までの距離の測定が必要になる．星までの距離を測定して銀河系の地図を作ったことと同様，銀河までの距離を測定して宇宙全体の地図作りへと進むのである．まず，距離測定法について簡単にまとめた．これは銀河個々の性質を語る上でも大切な作業である．

　銀河団のような階層になると，いよいよ日常感覚から離れてしまっていると思われるだろう．しかし，再び「天の川」の考え方を使うことができる．図5・1は，星座早見盤で4月上旬の始業式のころの真夜中0時，あるいは5月上旬のゴールデン・ウィークころの22時の空を示したものである．ここから後ほど図5・8で示す局部超銀河団が見えている．それを「見る」ことを，本章の目標の1つとしよう．

5.1　銀河までの距離の測定

　天体までの距離の測定は，天文学にとってもっとも基本の1つであり，同時にもっとも難しいものの1つでもある．太陽系空間では，天体までの距離の測定はかなりの精度で測定できている．銀河系内の恒星の世界になると，すでに簡単ではない．今後，年周視差や固有運動を超高精度で測定する，次世代位置天文衛星がこの問題を解決してくれるであろう．しかし，銀河までの距離の測定は今もって難題となっている．

　銀河までの距離の求め方として，距離に応じて変わる見かけの量と，その本来の量を比較して距離を割り出す方法や，宇宙の膨張を利用する方法がある．

CHAPTER5　銀河の空間分布

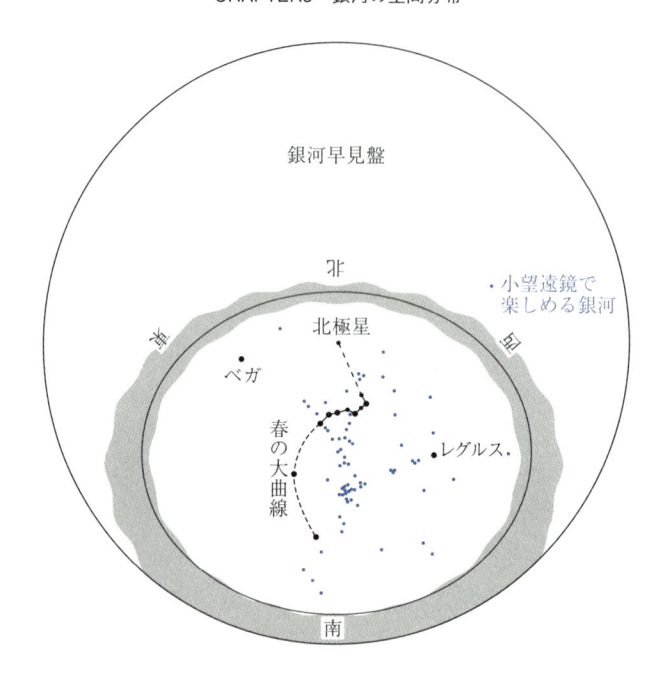

図5・1　星座早見の窓を回して，天の川が地平線を這い回るようにしてみよう．星座早見盤に銀河が記されているものは少ない．ここでは銀河をしっかり記した「銀河早見盤」を示した．残念ながら，ここに点をうった銀河は，どれも肉眼では見えない．ほとんどは，双眼鏡でも苦しい．千里眼，いや億里眼をもったとして，この銀河早見盤のように銀河が見えたとしよう．ここから，局部超銀河団という宇宙の大規模構造が見えるのである．

前者の代表としてセファイド法，後者の代表としてハッブルの法則と呼ばれているものがある．まずセファイド法から説明しよう．

　星の中に明るさが変わるものがあり，変光星と呼ばれている．その中には，星の脈動（半径の変化）で周期的に明るさの変わるものもあり，脈動変光星と呼ばれている．その1つ，セファイドと呼ばれている変光星がこの方法での主役である．ケフェウス座δ星がもともとの典型例としてあげられていた．それにちなんでCepheidと名づけられた[1]．北極星もセファイドの1つである[2]．

---

[1] 外国語のカタカナ表記はいつも混乱気味であり，これをケフェイドと表記している場合もある．

5.1 銀河までの距離の測定

セファイドには，変光周期と光度の間に非常にしっかりとした関係があることが知られている．その名も，周期－光度関係と呼ばれている．それを図5・2に示した．変光周期はモニター観測で容易に知ることができる．そこから光度（絶対等級 M）を知ることができるわけで，みかけの明るさ（等級 m）と比較すると，距離 d を

$$m - M = 5\log d - 5 \tag{16}$$

として求めることができる．ここで対数は常用対数（底が10），距離はパーセク（pc）単位で表現する．この関係は最初，小マゼラン銀河中のセファイドの観測から得られてきた．小マゼラン銀河中にある星は，我々からすべて等距離にあると見なしても良いであろう．変光周期とみかけの明るさの間の強い相関を H.S. リービットが 1908 年に見つけたのであった．

小マゼラン銀河なら個々の星に分解することは可能であるが，遠方の銀河ならこれはできない．他の方法に切り替えざるを得ない．セファイド法で距離を割り出した銀河あるいは銀河団に対し，前章で紹介したタリー・フィッシャー関係やフェイバー・ジャクソン関係（あるいは $D_n - \sigma$ 関係）を求める．図 4・8 の右側の図に対応し，縦軸として絶対等級を取る（図5・3参照）．このような図を描くための対象を，ローカル・キャリブレーターと呼んでいる．ローカル・キャリブレーターを通じてセファイド法からタリー・フィッシャー関係など，より遠方で適用できる方法に，はしごをつないでいくのである．この

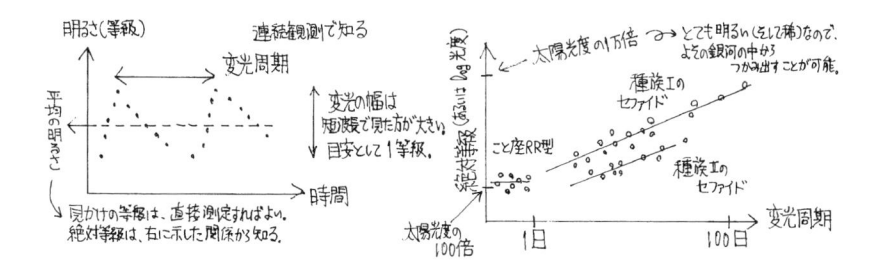

図5・2 セファイドの周期－光度関係．

---
[2] ただし振動のモードが他の一般的なセファイドと違い，またそれが原因にもなって変光の幅は非常に小さい．

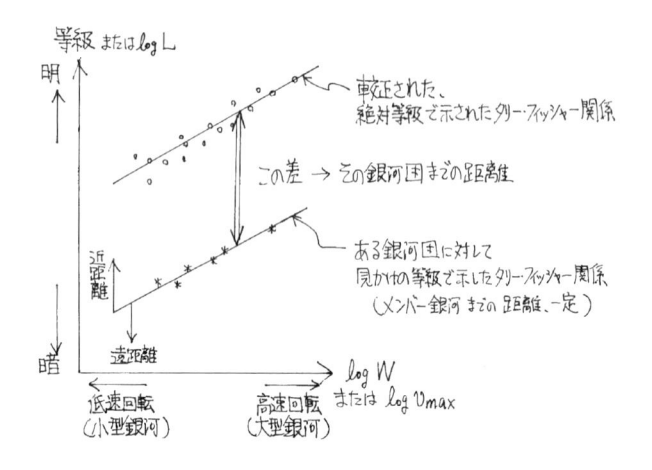

CHAPTER5 銀河の空間分布

図5・3 タリー・フィッシャー関係を用いた距離の測定．2本の線のうち，（上）が絶対等級で示した，ローカル・キャリブレーターによるもの，（下）はある銀河団を対象としたものの例．同じ輝線幅での絶対等級とみかけの等級の差が距離に換算される．

「はしごつなぎ」の際の誤差を小さく抑えるために，ローカル・キャリブレーターの距離測定は大変大切になってくる．図5・3からわかるように，タリー・フィッシャー関係などの方法は銀河団内の銀河など，一定の距離にある多数の銀河を対象としたときに威力を発揮する[3]．タリー・フィッシャー，あるいはフェイバー・ジャクソン関係の「主系列フィッティング」をすることで，$m-M$を精度よく求めることができるからである（$m-M$の値は式（17）から距離にすぐ計算できるので，距離指標と呼ばれている；図2・14参照）．星団の色等級図から主系列フィッティングをすることで距離を求めることと同じ原理である．

　銀河までの距離を求めるには，この他にもいろいろな方法がある．銀河の中の明るい天体，ただし銀河ごとにあまり個性がないと考えられているものを目印にする方法は，精度は悪い場合もあるが原理は簡単である．赤色超巨星の最輝星（HR図の右上の頂点）の明るさ，一番明るいHII領域（輝線星雲）の明るさなどが選ばれる．超新星の最大光度はよく使われる．超新星にはI型とII

---
[3] 天文学で多用する統計的手法の1つである．

型と呼ばれるものがある．時間とともに減光する様子を示した光度曲線の特徴と，水素の輝線が見えるかどうか（見えなければ I 型）によって超新星の型を分類している．I 型のうちいくつかは連星系で発生するもの[4]，II 型は大質量星の最期の超新星爆発と考えられている．Ia 型超新星の最大光度は光度曲線と良い相関があることが知られている．しかも銀河全体の光度に匹敵する大変明るい光度になり，宇宙論的遠方の銀河の中にも見つけることができる．そして，推定した光度とみかけの明るさの差から距離を求めることができるのである．銀河の中には球状星団や惑星状星雲が含まれている．これらの光度関数が銀河ごとにあまり変化がないとすると，みかけの明るさで表した光度関数を求めることにより，距離を求めるられる．球状星団は多くの星が狭い領域に集まっており，明るい天体である．惑星状星雲は光度が小さいのであるが，輝線で光っていることを利用してうまくとらえることができる．二階電離酸素による波長 5007 オングストロームの輝線[5]が強く，その前後の狭い波長域だけを通すフィルターで銀河の領域の写真を撮れば，惑星状星雲を浮かび上がらせることができる．

銀河の表面輝度の粗度を利用するという斬新な方法もある．我々が日常生活で，近景の山の山肌は木々の茂みによる濃淡が目立つが，遠景の山の山肌はのっぺりして見える，ということを経験する．それと同様，銀河の表面輝度の粗度の大小で距離を評価しようというものである．以上紹介したものは，セファイド法などによって得られたローカル・キャリブレーターを基にしている．距離測定法を互いにつなぎ合わせていく「距離はしご」を行っているので，それぞれでの誤差が積もっていくことになる．近傍銀河でも数十パーセントの相対誤差をもっていると考えておいた方が良いだろう．

5.2 ハッブルの法則

ハッブルの法則は，以下の式で表される．

---

[4] 連星の片側が白色矮星で，もう片方からガスが降着して爆発的核燃焼が起こるものを指しており，Ia 型超新星と呼ばれている．
[5] 天文学的表記で［O III］λ 5007 表記される輝線である．波長 5007 オングストローム（500.7 nm）は可視光域の緑色帯にある．惑星状星雲のカラー写真で緑色に輝く色は，この輝線が原因である．

CHAPTER5 銀河の空間分布

$$v = H_0 r \qquad (17)$$

vは視線方向の後退速度，rは銀河までの距離，比例定数のH_0はハッブル定数と呼ばれている．互いの距離が離れ合っているほど，速い速度で遠ざかり合う．そしてそれが比例関係にあるということを示しており，宇宙の一様的な膨張の観測的証拠とされているものである（図5・4参照）．

vの単位としてkm s^{-1}，rの単位としてMpc（メガパーセク；100万パーセクのこと）を用いると，H_0の値は，

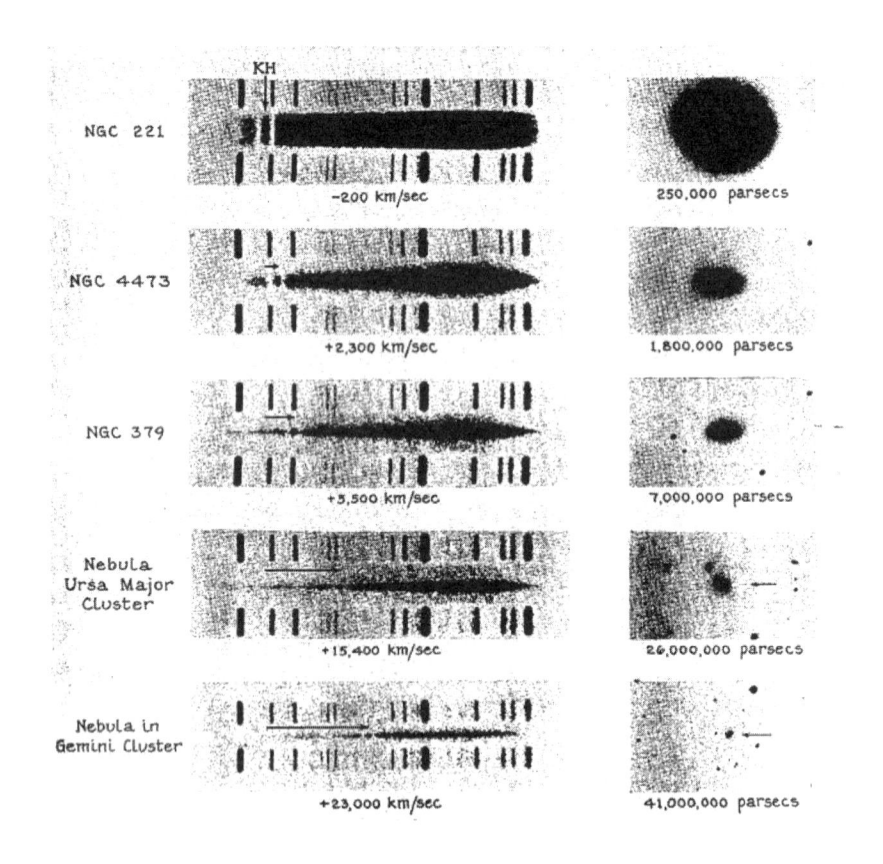

図5・4 ハッブルの法則を示した図．銀河の名は，図の左列に書かれている．NGC番号があればそれを，下2つは，上からそれぞれ，おおぐま座銀河団，ふたご座銀河団の銀河，と記されている（銀河ではあるが，古い論文のため，ここではnebula「星雲」と記されている）．図の右列は銀河の撮像写真が示されている．銀河の見かけの明るさや大き

5.2 ハッブルの法則

さから，銀河までの距離が見積もられている．下段ほど遠距離にある銀河で，小さく写っており，パーセク単位の数値がそれぞれの写真の下に記されている．図の中央列にはそれぞれの銀河のスペクトル写真が示されている．銀河の中の多数の星がつくる連続スペクトルによる筋（中心を横切る魚状の帯）がまず目につく．ここに2本の吸収線がはっきり見える（写真はすべて白黒反転であることに注意）．これはフラウンホーファーのH線，K線と呼ばれる，一階電離したカルシウムが作る吸収線である（3968および3934オングストローム）[6]．太陽のような中くらいの質量をもつ星でもっとも目立つ吸収線で，銀河全体のスペクトルの中でもこのように目立っている．2本並んでいることから，H＋K線と同定される．このH＋K線が，本来の波長と違った波長で観測され，それをドップラー偏移と解釈すれば，その相対速度がいくらになるか，計算できる．その値が，それぞれのスペクトル写真の下に記されている．NGC 221（M 31の伴銀河の1つのM 32のこと，図1・9参照）は -200 km s^{-1} とあり，これは赤方偏移ならぬ，青方偏移している銀河である．全ての銀河が我々から遠ざかっているのではなく，数は少ないが近づいている銀河もあるのである．銀河のスペクトルの上下にある縞模様は写真上の位置と波長の関係を決めるために焼き込んだ，比較のためのスペクトル線．ハッブル（Edwin Hubble）の弟子，ヒューマソン（Milton Humason）が1936年に発表したもの（Humason M. 1936 ApJ 83, 10, plate III）．

$$H_0 = 73 \,\text{km s}^{-1}\,\text{Mpc}^{-1} \tag{18}$$

となる．v の値は銀河のスペクトルのドップラー効果（赤方偏移）から，比較的容易に知ることができる．H_0 の値を信用すれば，r がすぐにわかるという大変重宝なものである．過去数十年間の間，この単位で値は50〜100までの間で揺れ動いてきた．この状態を打破すべく登場したのが，ハッブル宇宙望遠鏡であった．地上では測定が困難となるような距離の銀河中に，自慢の超高空間分解能を駆使してセファイドを見つけて変光周期を調べ，そこから r を調べていった．すでに測っていた v と合わせ，H_0 の値の決着を図ったのであった．この結果，72 ± 8 という値を得た．また宇宙背景放射を詳しく観測した人工衛星WMAPから 73 ± 3 という値が得られ，これにスローン・デジタル・スカイ・サーベイ（SDSS）の観測結果を合わせると，74.4という値が得られると発表されている．

実際観測される v の値は，宇宙膨張に乗った成分と銀河固有の運動の合計に

---

[6] フラウンホーファー（Joseph von Fraunhofer）は，太陽のスペクトルの中に多数の暗線（吸収線）を発見し，そのうち，特に目立つものについて，赤い色（長波長側）からA, B, C, D, E, F, G, H, K線と名づけた．IとJがないのは，記号として1と見間違いやすいからだった，と言われている．HやKと書かれると水素やカリウムを思い浮かべるが，まったく関係ない．なお，可視光域の波長を記す際，SI単位系のものではないが，オングストローム単位が今でもよく使われる．これは4桁の整数で表すことができ，扱いやすいからである．

なっている．銀河固有の運動の大きさは，数 100 km s^{-1} 程度と考えられている[7]．したがって，近距離の銀河に対しては，固有の運動の速度が宇宙膨張に乗った速度に比べて小さくないので，ハッブルの法則から単純に距離を求めることが難しくなる．しかし，数十 Mpc より遠方では，ハッブルの法則から距離への焼き直しが素直にできるようになる．念のため注意しておくと，5.3 節で説明する局部銀河群の銀河に対しては，ハッブルの法則がほとんど役に立たない．重力でしっかりまとまり合うと，宇宙膨張から切り離された空間として扱うことができる．銀河系内に至ってはまったく役に立たない．したがって，星が赤色巨星になるのは，宇宙膨張と全く関係ない．また，太陽系内でも宇宙膨張はまったく関係ない．

5.3 局部銀河群

　銀河は群れている．銀河系も完全に孤立しているのではなく，いくつかの銀河と集団を作っている．最大の相棒はアンドロメダ銀河である．近傍銀河はセファイド法などで距離を求めることができるが，距離決定は必ずしも容易ではない．図 5・5 は銀河系近傍の銀河の分布を示したものである．図の座標原点のところに銀河系が置かれている．銀河系は大小マゼラン銀河以外にも多くの矮小銀河を連れている．

　アンドロメダ銀河 M 31 も多くの矮小銀河を従えている[8]．銀河系を中心とする群れとアンドロメダ銀河を中心とする群れの連合体を中心とし，その近傍の銀河を含めて総勢 40 程度の銀河は，局部銀河群と呼んでいる力学的に結びつきあった集団を作っている．アンドロメダ銀河が一番大きな銀河で，銀河系はそれよりやや小さな銀河と考えられている．この 2 つの銀河は，大きさの点で他を圧倒している．遥か遠方から見れば，銀河系とアンドロメダ銀河はやや離れた連銀河として観測されるであろう．局部銀河群のメンバーシップが不確かなもの（メンバー候補）を含め，銀河のリストを表 5・1 に示した．

　表 5・1 は銀河の明るさが大きなものから順に並べている．銀河の大きさについて，直径や質量，光度などいろいろな観点で考えることができる．そのう

---

[7] 銀河団中心部では 1000 km s^{-1} を超える場合もある．
[8] その中で一番目立つのは M 32 と NGC 205 であろう．図 1・10 参照．

5.3 局部銀河群

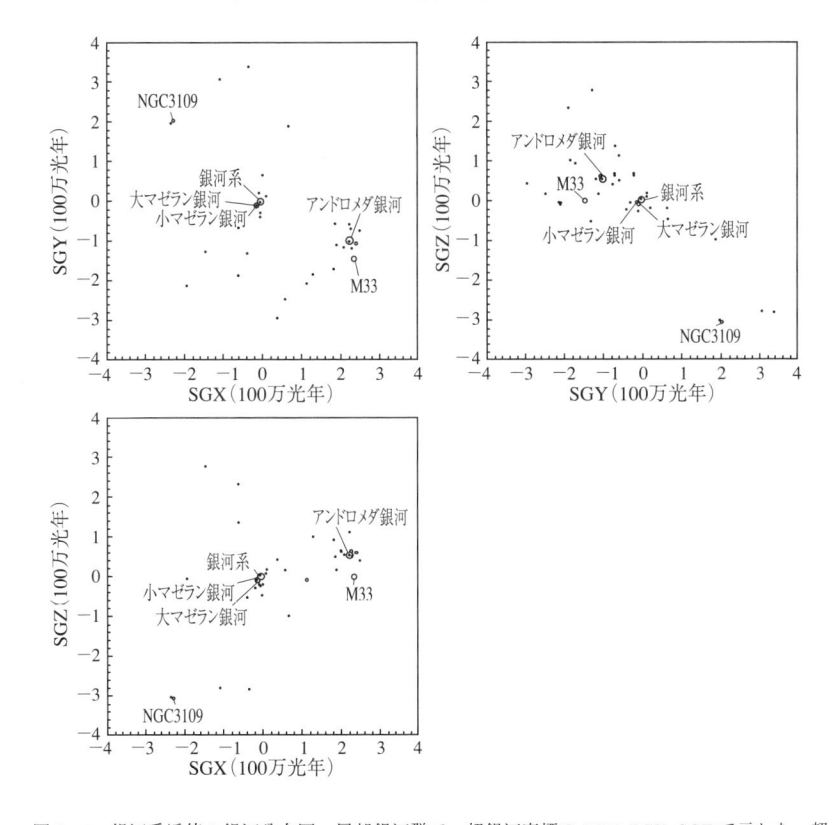

図 5・5 銀河系近傍の銀河分布図．局部銀河群で，超銀河座標の SGX, SGY, SGZ で示した．超銀河座標は超銀河平面を基準に張ったものである（5.5 節参照）．一目盛が 100 万光年である．XY, YZ, XZ 平面で切った 3 枚の図で表現した．銀河系を中心とする群れと，アンドロメダ銀河を中心とする群れの連合体が局部銀河群であることがわかる．

ち，比較的観測量として得やすい光度を基に考えることにする．光度は銀河の中で星として輝いている質量をある程度反映するだろう．全波長域で積分した光度を採りたいところであるが，実際にはある波長帯域での観測量であることがほとんどである[9]．ここではデータ蓄積量に勝る B バンドでの光度を採用

---

[9] 伝統的には可視光の青色（B）あるいは緑色（V）の帯域（バンド）が多用されている．V は肉眼で最も感度のいい波長域，B はかつての写真（CCD カメラではなく，乳剤を使ったフィルムのもの）で感度の良かった波長域．かつて実視等級，写真等級と呼ばれたものが，改変を経て，V と B の等級として引き継がれている．CCD カメラは R バンドの感度がよく，しだいに R バンドのデータが幅をきかせつつある．

CHAPTER5 銀河の空間分布

表 5・1 局部銀河群のメンバー銀河

銀河名	赤経	赤緯	距離 [kpc]	絶対 B 等級 [mag]	形態	サブグループ	SGX [kpc]	SGY [kpc]	SGZ [kpc]	直径 [kpc]
アンドロメダ銀河	00 42 44.5	＋41 16 09	770	－21.6	Sb	M 31	693	－303	162	35.9
銀河系	17 45 09.2	－28 01 12	8.5	－20.8	Sbc	MW	0	0	0	25.0
M 33	01 33 50.8	＋30 39 37	850	－18.9	Sc		730	－444	－7	16.1
大マゼラン銀河	05 23 34.6	－69 45 22	50	－17.9	Sm	MW	－28	－24	－34	9.8
小マゼラン銀河	00 52 38.0	－72 48 01	60	－16.4	Im	MW	－36	－40	－21	5.3
NGC 205	00 40 22.5	＋41 41 11	830	－16.2	dE	M 31	748	－321	182	4.5
M 32	00 42 42.1	＋40 51 59	770	－16.0	dE	M 31	691	－308	161	2.0
NGC 3109	10 03 07.2	－26 09 36	1330	－15.7	dIrr		－691	629	－948	5.8
IC 10	00 20 24.5	＋59 17 30	660	－15.6	dIrr		631	－61	197	2.7
NGC 6822	19 44 57.7	－14 48 11	500	－15.2	dIrr		－172	－205	414	2.7
NGC 147	00 33 11.6	＋48 30 28	760	－14.8	dE	M 31	708	－210	195	3.2
NGC 185	00 38 58.0	＋48 20 10	620	－14.8	dE	M 31	581	－172	148	2.5
IC 1613	01 04 54.1	＋02 07 60	730	－14.5	dIrr		361	－637	－28	3.5
ろくぶんぎ座 B	10 00 00.1	＋05 19 56	1360	－14.0	dIrr		－94	1043	－873	1.1
WLM	00 01 58.1	－15 27 40	920	－14.0	dIrr		130	－902	124	2.6
ろくぶんぎ座 A	10 11 00.8	－04 41 34	1320	－14.0	dIrr		－320	947	－866	2.3
いて座 dSph	18 55 03.1	－30 28 42	20	－12.7	dSph	MW	－7	－6	8	2.6
アンドロメダ VII	23 26 31.8	＋50 40 32	790	－11.7	dSph	M 31	693	－175	341	0.7
ろ座系	02 39 54.7	－34 31 33	140	－11.5	dSph	MW	－4	－120	－76	1.2
いて座 DIG	19 29 59.0	－17 40 41	1040	－11.5	dIrr		－437	－388	852	0.9
ペガサス座系	23 28 34.1	＋14 44 48	760	－11.5	dIrr		411	－561	308	1.0
しし座 A	09 59 26.4	＋30 44 47	690	－11.4	dIrr		219	584	－306	0.9
みずがめ座系	20 46 51.8	－12 50 53	940	－11.1	dIrr		－179	－571	717	0.6
しし座 I	10 08 26.9	＋12 18 29	250	－11.0	dSph	MW	10	206	－147	0.7
アンドロメダ I	00 45 40.0	＋38 02 14	810	－10.9	dSph	M 31	714	－359	155	1.0
アンドロメダ VI	23 51 46.4	＋24 35 10	820	－10.8	dSph	M 31	570	－520	282	0.9
ほうおう座系	01 51 06.3	－44 26 41	440	－10.2	dSph/dIrr		－106	－395	－162	0.6
くじら座系	00 26 11.0	－11 02 40	780	－10.2	dSph		192	－755	47	1.1
ちょうこくしつ座系	01 00 09.4	－33 42 33	90	－9.8	dSph	MW	－3	－88	－21	0.9
ポンプ座系	10 04 04.0	－27 19 55	1320	－9.8	dSph		－707	608	－936	0.8
アンドロメダ II	01 16 29.8	＋33 25 09	680	－9.3	dSph	M 31	593	－338	45	0.6
アンドロメダ III	00 35 33.8	＋36 29 52	760	－9.3	dSph	M 31	654	－357	167	0.6
しし座 II	11 13 29.2	＋22 09 17	210	－9.2	dSph	MW	16	202	－64	0.7
きょしちょう座系	22 41 49.0	－64 25 12	880	－9.2	dSph		－587	－649	－20	0.6
りゅうこつ座系	06 41 36.7	－50 57 58	100	－9.0	dSph	MW	－44	－28	－87	0.7
りゅう座系	17 20 01.4	＋57 54 34	80	－8.7	dSph	MW	47	40	50	0.8
アンドロメダ V	01 10 17.1	＋47 37 41	810	－8.4	dSph	M 31	773	－226	122	0.5
ろくぶんぎ座系	10 13 03.0	－01 36 52	90	－8.0	dSph	MW	－13	68	－62	0.5
LGS 3	01 03 56.6	＋21 53 41	620	－8.0	dSph/dIrr		467	－412	36	0.2
こぐま座系	15 09 11.3	＋67 12 52	60	－7.1	dSph	MW	42	40	22	0.5

メンバーについては文献 (1), (2) を, 数値については文献 (3) を中心に参照し, まとめ直した. メンバー銀河候補にとどまるものも, かなり寛容に含めた. サブグループの欄で, MW は銀河系グループ, M 31 はアンドロメダ銀河グループの銀河を示している.

(1) van den Bergh S. 1999 Galaxies of the Local Group, Cambridge
(2) Sparke L.S., Gallagher J.S. 2000 Galaxies in the Universe, Cambridge
(3) Karachentsev I.D. et al. 2004 AJ 127, 2031.

5.3 局部銀河群

し，絶対等級で表記している．1等級の差はエネルギーの単位で約2.5の比，5等級の差で100の比に相当する[10]．太陽の絶対等級は約5なので，絶対等級0は太陽光度の100倍，絶対等級−20は太陽光度の100億倍ということになる．星は種類によって放射の典型的な波長が違うこと，また，星からの放射は星間物質による吸収と再放出が行われることから，特定の波長域での光度と星の質量の相関は強くないことに注意が必要である（6.1節参照）．

アンドロメダ銀河，銀河系についで大型の銀河は，さんかく座にある渦巻銀河M33である．その次が大マゼラン銀河（LMC; Large Magellanic Cloud），小マゼラン銀河（SMC; Small Magellanic Cloud）で，これが光度で見たときの局部銀河群のベスト5になる．この他に，30以上のメンバー銀河（および候補）があるが，すべて小マゼラン銀河より光度が小さいということになる．ただし，近距離ゆえの距離の見積もりの難しさがあり，SMCが第5位かは少し怪しいところがある．

局部銀河群の6位以下は，矮小銀河である．どのように小さいと矮小銀河と呼ぶかという決まった定義は，特にはない．研究論文ごとに，直径，光度，質量がいくら以下なら矮小銀河と呼ぶ，と立場を表明することになっている[11]．表5・1の場合は，Bバンド絶対等級が−16.2等級より暗いものを，あるいは実際の直径が1.5万光年より小さいものを矮小銀河と呼ぶ，と言えることになる（ただしNGC3109が例外になっている）．アンドロメダ銀河や銀河系の光度である約−21等級から5等級以上暗い，つまり100倍以上暗いものに対応しているということになる．一番暗いものは絶対等級で−7等級程度になっており，球状星団に負けるくらいの暗さである（ただし直径は球状星団よりずっと大きい）．

この表を見てもわかるように，銀河という集合の圧倒的多数は矮小銀河である．大小マゼラン銀河は，これらに比べると大型である．矮小銀河は小さくて暗く，見つけにくいので，局部銀河群より外では観測が容易ではない．B．ビ

---

[10] 約2.5の5乗で100になる．約2.5というのは，100の5乗根として導入された値で，2.512程度の，小数が続く値である．
[11] もちろん慣習的な「常識」はある．たとえばマゼラン銀河を矮小と表現しても，怒られないだろう．

ンゲリらが，おとめ座銀河団のメンバー銀河を徹底して調べ，その中に多くの矮小銀河をカタログしたという例がある（図 3・11 も参照）．その研究でも，非常に多くの矮小銀河を確認している．頭数の上では，矮小銀河は銀河の集合の中で圧倒的だったのである．

5.4　銀河団

　局部銀河群は，宇宙全体の銀河の群れの構造の中では，本当に小さなものであることがわかっている．銀河群よりもメンバー銀河のずっと多い銀河集団を銀河団と呼んでいる．両者に明確な区別はない．銀河群と呼んでいるものを，別のところで小銀河団と呼んでいたりする．

　銀河団のカタログとして以前からよく用いられている 2 つのカタログを紹介しよう．いずれも，シュミット望遠鏡で撮影された広角の写真乾板を人間の眼でサーベイして得られたものである．G.O. エイベルは 1958 年，北天の銀河団約 2000 を発表した．銀河団に属する 3 番目に明るい銀河の見かけの等級を m_3 とする．m_3 から $m_3 + 2$ の等級の間に 50 以上の銀河があり，それが銀河団中心から $1.7/z$ 分角以内にあることが条件である．ここで z は銀河団の赤方偏移で，$1.7/z$ はハッブル定数を 50 km s^{-1} Mpc^{-1} としたときの 3 Mpc に相当する[12]．メンバー数の多い銀河団のことをリッチな銀河団，逆をプアな銀河団と呼んでいる．エイベルの銀河団はリッチな銀河団を対象としている．あとで紹介するが，我々からもっとも近い銀河団であるおとめ座銀河団は，このエイベルの基準から外れるプアな銀河団になってしまう．エイベルのカタログは，1989 年に南天にも拡張されていった．もう 1 つのカタログは F. ツビッキーのカタログである．天球面上の銀河の個数密度が，周囲の 2 倍以上になる領域を銀河団とし，その中には m_1 から $m_1 + 3$ 等の範囲に 50 個以上の銀河を含んでいる，という基準で選ばれている．この基準はエイベルのものより緩く，プアな銀河団も多く含まれている．

　銀河団中の銀河分布の様子から，形態分類も提案されている．ボーツとモルガンは，以下の 3 つの型に分けた（Bautz L.P., Morgan W.W. 1970 ApJL 162,

---

[12]　今日のようにハッブル定数がしっかり決まっていなかったころの定義．

5.4 銀河団

L149).

- I 型　　銀河団中心に1つのcD銀河が見られる．
- II 型　　卓越した銀河2～3個が銀河団中心にある．それらはcD銀河ないしは，それに近い巨大楕円銀河である．
- III 型　　銀河団中心に，卓越した銀河が見られない．

I型にいくほど，他を圧倒する銀河が中心にあるという系列であり，ボーツ・モルガン（BM）分類と呼ばれている．また，ルッドとサストリーは図5・6のような音叉型形態分類を提案し，ルッド・サストリー（RS）分類と呼ばれている（Rood H.J., Sastry G.N. 1971 PASP 83, 313）．cDは1つのcD銀河をもつ，B（binary）は2つの卓越した銀河がある，ということで，BM分類のI型，II型によく対応している．L（line）は3個程度の明るい銀河が線状に並んでいるもの，F（flat）は明るい銀河が扁平な領域に分布するもの，C（core）は数個の明るい銀河が銀河団中心部にばらけながら分布するもの，I（irregular）は銀河団中心がはっきりせず中心部の形成も弱いもの，を指している．何となくハッブルの音叉型銀河分類を思わせる分類法である．なお，有名な銀河群と銀河団の一覧を表5・2に載せた．

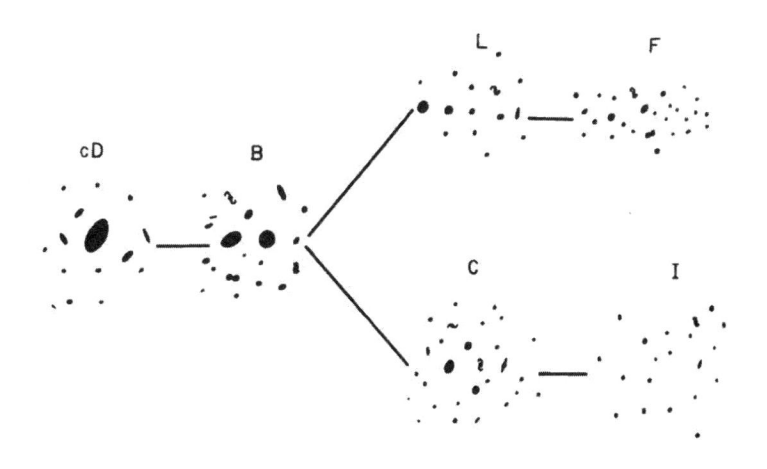

図 5・6　銀河団のルッド・サストリー分類（Rood H.J., Sastry G.N. 1971 PASP 83, 313, fig.1）．

CHAPTER5 銀河の空間分布

表 5・2 有名な銀河群と銀河団

有名な銀河群

銀河群名	主なメンバー銀河	中心位置 赤経(時分)	中心位置 赤緯(度分)	主な星座	距離(光年)	銀河数
局部銀河群	銀河系，M 31 など					
ちょうこくしつ座群	NGC 253，NGC 247 など	00 24	−38 00	ちょうこくしつ，くじら	1300 万	7
M 81 群	M 81，M82，NGC3077 など	09 37	+68 19	おおぐま	1200 万	15
M 66 群	M 65，M 66，NGC 3628 など	11 20	+13 12	しし	5100 万	4
HCG 44	NGC 3187，NGC3190，NGC3193 など	10 18	+21 49	しし	7500 万	4

局部銀河群については表 5・1 を参照．中心位置は NED（NASA/IPAC extragalactic database http://nedwww.ipac.caltech.edu/）から得た．距離は，ちょうこくしつ座群と M 81 群については Karachentsev I.D. 2005 AJ 129, 178, table 10 で示された，銀河系からの距離の値から，M 66 群と HCG 44 については NED で，標準的な宇宙論パラメーター設定での light-travel time の値から得た．銀河数は NED から得た．局部銀河群と違い，他の銀河群では矮小銀河の拾いあげが難しいので，銀河数は小さめに出ている．M 81 群については図 5・7，M 66 群については図 5・8，HCG 44 については図 5・9 を参照．

有名な銀河団

銀河団名	エイベル番号	主なメンバー銀河	中心位置 赤経(時分)	中心位置 赤緯(度分)	主な星座	距離	BM 型	RS 型
おとめ座銀河団	（なし）	M 87，M 86，M 49	12 17	+12 43	おとめ，かみのけ	0.6	（なし）	（なし）
ろ座銀河団	S373	NGC 1316，NGC 1365	03 39	−35 27	ろ	0.6	I	（なし）
ペルセウス座銀河団	A426	NGC 1215	03 19	+41 31	ペルセウス	2.3	II-III	L
かみのけ座銀河団	A1656	NGC 4874，NGC 4889	13 00	+27 59	かみのけ	3.2	II	B
ヘルクレス座銀河団	A2151	NGC 6050	16 15	+17 45	ヘルクレス，へび	4.8	III	F

中心位置は NED から，距離は NED で標準的な宇宙論パラメーター設定での light-travel time の値から得た．BM 型，RS 型は理科年表 2009 から得た．それぞれ超銀河団の中心的銀河団である．おとめ座銀河団は上段の銀河群すべてを含めた局部超銀河団（あるいはおとめ座超銀河団）を，ろ座銀河団はエリダヌス座銀河団とともにろ座超銀河団を，ペルセウス座銀河団は A 262 銀河団などとともにペルセウス－うお座超銀河団を，かみのけ座銀河団は A 1367 銀河団などとともにかみのけ座超銀河団を，ヘルクレス座銀河団は A 2199 銀河団などとともにヘルクレス座超銀河団を構成している．局部銀河群は局部超銀河団（おとめ座超銀河団）の端の方に属しており，おとめ座銀河団までの距離は，反対側にあるろ座超銀河団までとの距離と変わらない．おとめ座銀河団は M 87 が最大メンバーだが，M 86 の周囲がもっとも銀河密度が高い．また M 49 周辺の南側延長部を持っており，中心集中度がまだ高くない銀河の特徴が出ている．かみのけ座銀河団は NGC 4874 と NGC 4889 が同等の cD 銀河として銀河団中心に相並んでいる．なお銀河団中心に座る主たる銀河は，強い電波源であったり強い X 線源であったりする．それは，その銀河が高い活動性の銀河中心核をもつことと関連している．

5.4 銀河団

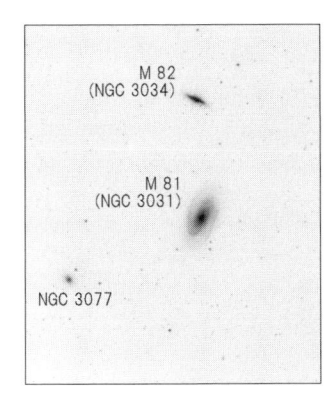

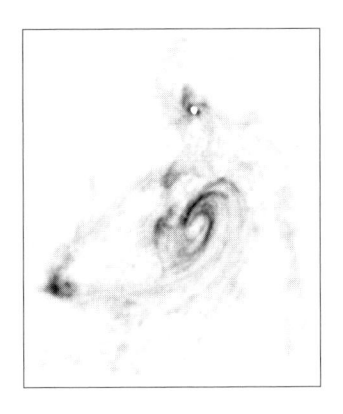

図 5・7 M 81 群を覆う H I ガス．M.S. ユンらの研究グループが 1994 年に発表したもの．（左）は可視光で見た M 81 群の中心部．（右）は同じ場所での H I ガスの強度マップ．M 82 の大きな星形成活動は，銀河群内での H I ガス流動が影響していることがうかがい知れる．また，NGC 3077 は NGC 5195 に似た I0（Irr II）型（アモルファス不規則銀河とも言われる）とも分類されているが，激しい星形成活動による，可視光域での不規則形状化と解釈することができる．（左：DSS2-R, wide, 右：Yun M.S., Ho P.T.P., Lo K.Y. 1994 Nature 372, 530 で発表．Min's M81 HI Page http://www.astro.umass.edu/~myun/m81hi.html より）

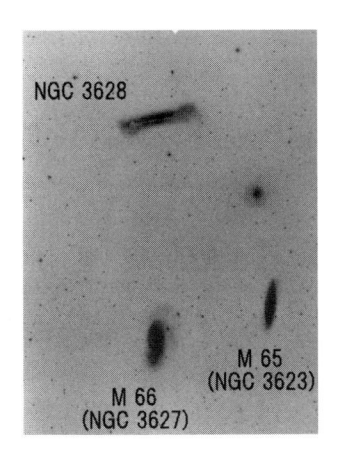

図 5・8 M 65, M 66 を含むレオ・トリプレット．銀河の観望を楽しみにするアマチュア天文家に大人気．お互いの形態の乱れが少しあることが見て取れる．宇宙には本当に孤立している銀河もあるが，メシエ番号のついている銀河は，銀河団に属していない限り，どこかの銀河群に属していると考えて良い．この写真は，特異な形態の銀河を研究した H. アープによるアープ・カタログからもので，Arp 317 という名称ももっている．（Arp H. 1966 ApJS 14, 1 に掲載の写真を改変）．

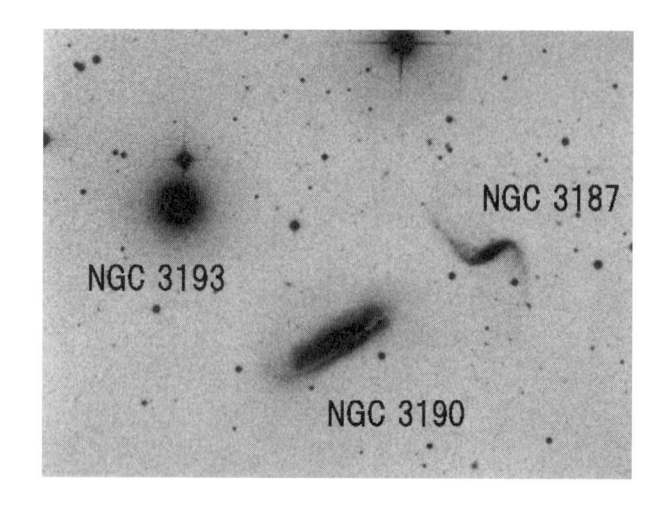

CHAPTER5 銀河の空間分布

図 5・9 図 5・8 と同じくしし座にある銀河群．P. ヒクソンは 1982 年にコンパクト銀河群（HCG; Hickson Compact Groups of Galaxies）というカタログを発表した．HCG には 100 のコンパクト銀河群が収められている．このしし座の 3 人組は HCG カタログの 44 番目に記されている．コンパクト銀河群らしく，互いの銀河のつよい相互作用で，互いの形態が大きく乱されている．いずれ 1 つの大きな楕円銀河，しかもハロー部を広大にもつ，cD 銀河的なものに進化するのだろう．この銀河団もアープ・カタログに収められており，Arp 316 として知られている．（Arp H. 1966 ApJS 14, 1 に掲載の写真を改変）．

5.5 局部超銀河団

　銀河団は宇宙の中でまんべんなく分布しているのであろうか．図 5・10 は，天球面上の銀河の分布である．天の川を円周上にくるようにして描いたものである．天の川を通して銀河系外の世界は見えず，不可視領域（zone of avoidance）と呼ばれている．この図から，銀河の分布は完全に一様ではなく，むらがあることがわかる．しかも，銀河分布の「天の川」とでも呼べるような帯状の構造が見える．北銀極[13]近くに見える塊はおとめ座銀河団と呼ばれているものである．

　おとめ座銀河団までの後退速度は約 1200 km s^{-1} である（メンバー銀河ひとつひとつの後退速度から得た重心値）．このくらいより遠方になると，ハッブルの法則を距離の指標としてある程度の精度で使える．図 5・11 は，1982 年

---

[13]　銀河面を赤道と取ったときの極方向を銀極，赤道座標の北半球にあれば北銀極と呼んでいる；反対側は南銀極．

5.5 局部超銀河団

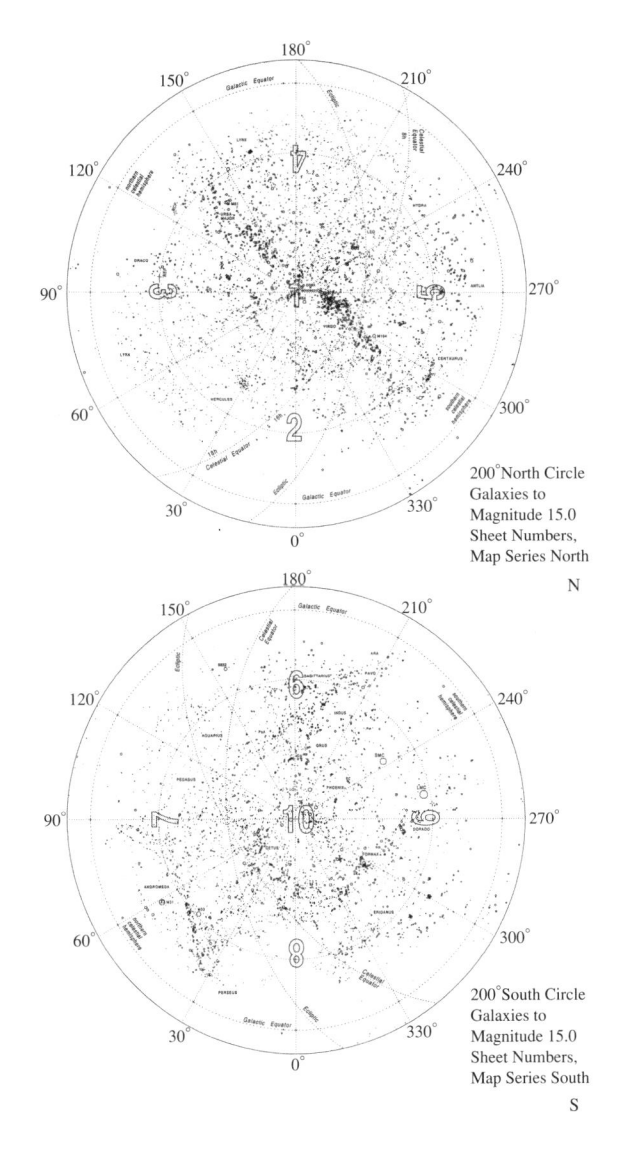

図 5・10 天球面上の銀河の分布．これは銀河の天球面分布図の索引図で，それぞれ北銀極，南銀極を中心に，縁の端に天の川が一周しているように取ったもの．銀河の見かけの明るさに応じて，円の直径を大きく取ってある．モンクハウスとコックスによる「3-D Atlas of Stars and Galaxies（星と銀河の立体地図帳）」から引用（Monkhouse R., Cox J. 2000 Springer）.

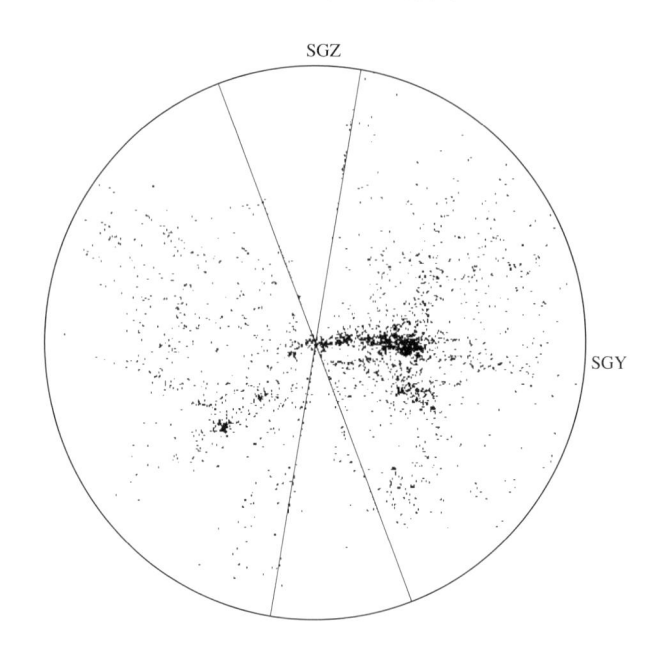

CHAPTER5 銀河の空間分布

図5・11 タリーによる，局部超銀河団の構造．超銀河座標 SGX，SGY，SGZ を張って SGY-SGZ 平面に 2175 個の銀河を投影したもの．円の中心に銀河系がある．円の半径は後退速度 3000 km s^{-1} に相当．超銀河座標は，SGX-SGY 平面を局部超銀河団の平面からとっている．SGX 方向は局部超銀河団の平面と天の川の交点としていて，SGY 方向がおとめ座銀河団の方向に近いものになっている．そのため，SGY-SGZ 平面で切ったものは，局部超銀河団の断面に近いものがみえるようになる．図の中央縦に入る円錐状領域は，天の川の背後にあって銀河系外を見通すことができない領域（Tully R.B. 1982 ApJ 257, 389, fig.1）．

に R. タリーが示したものである．銀河系を含む局部銀河群は，扁平な銀河集団の端のほうにいたのである．扁平な銀河集団の中心にはおとめ座銀河団，銀河集団の扁平度は約 1：6，まるで太陽系が銀河系の中に位置づけられたときと同じ状況である．銀河団と銀河群の集合体となるこのような集団を，超銀河団と呼んでいる．銀河系が属するこの扁平な超銀河団は，局部超銀河団と呼ばれている．つまり，図 5・10 の天の川構造は局部超銀河団だったのである．図 5・10 では局部銀河群は近すぎて全天にばらけて見えているため，塊として見えていない．天の川構造に対する，星座の星々といったところであろうか．

5.6 宇宙の大規模構造

　さて，銀河の後退速度を測っていき，それをある程度の精度で距離と解釈していくと，宇宙の中の銀河分布の3次元地図を作っていくことができる．宇宙の中の質量の大部分を占めるダーク・マターがどのような分布をしているのか，それは光で見えている銀河（通常物質）の分布と近いのかという大問題があるが，宇宙の中の物質分布の大きな情報になることは間違いない．後退速度は，スペクトル観測で輝線の赤方偏移（レッドシフト）から求める．したがって，このような地図作りをレッドシフト・サーベイと呼んでいる．

　1980年代後半からレッドシフト・サーベイが盛んに行われるようになった．1987年にカーシュナーは図5・12のような地図を発表した．銀河分布は宇宙の中で一様ではなく，銀河がほとんど分布しないボイド（空洞）と呼ばれる領域があることを示したのであった．M.J.ゲラーとJ.P.ハクラは，このレッドシフト・サーベイを推し進め，図5・13に示すような地図，コーン・ダイヤグラムを発表した．扇の要の部分が我々の観測地点，すなわち銀河系[14]である．半径方向に後退速度を取ってある．扇の要あたりにおとめ座銀河団を中心とする局部超銀河団があるが，この図で示した面では局部超銀河団をあまり横切っていない（扇の平面より向こう側に局部超銀河団が位置している）．図の中心部分の人のような形の中央が，かみのけ座銀河団である．かみのけ座銀河団は，銀河系近傍にあるリッチな銀河団の代表である．かみのけ座銀河団を中心とする銀河集団も，超銀河団を形成している．銀河団は互いにネットワークを組むように分布しているが，一方で，それに取り残されたようなボイドもよく見て取れる．このような泡状の銀河分布を，宇宙の大規模構造と呼んでいる．銀河分布は一様ではなかったのである．なお，このような図を見る際の注意を1つしておこう．銀河団は空間にまとまって存在しているが，銀河団内銀河は大きな速度分散をもっている．レッドシフト図では，それが視線方向の筋として見える．図5・13でも，放射状の模様が目につくだろう．中央のかみのけ座銀河団が線状に描かれているのはそのためである．逆に収縮中の構造があれ

---

[14] もはや，地球，太陽，あるいは太陽系の位置とはいわず，銀河系の位置である．銀河系が1つの「点」になるような縮尺なのである．

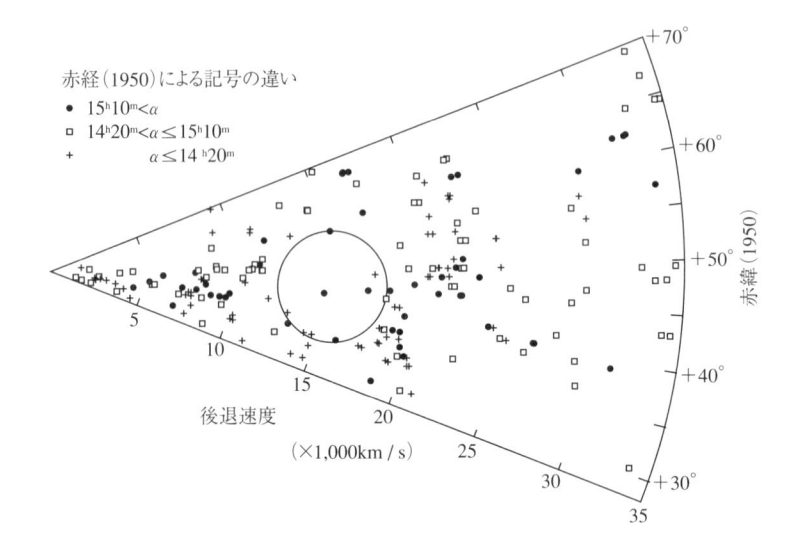

CHAPTER5 銀河の空間分布

図 5・12 カーシュナーによる，うしかい座ボイド．点 1 つが銀河 1 つで，扇形の要のところが銀河系の位置．赤緯，赤経方向いずれも厚みのある空間をサーベイした上で，赤経方向をまとめあげて表現している．後退速度をハッブル定数 $H_0 = 73$ km s^{-1} Mpc^{-1} を使って距離に換算すれば，一番奥の 35000 km/s は 480 Mpc（約 15 億光年）となる．図の中の大きな円がボイド（空洞）を指し示している（Kirshner R.P. et al. 1987 ApJ 314, 493, fig.4 を改変）．

ば，レッドシフト図では実際の分布より視線方向には狭い分布として見えるだろう．

レッドシフト・サーベイはその後も進んでいる．そのうち最も大規模かつ系統的なものはスローン・デジタル・スカイ・サーベイ（SDSS）や 2dF サーベイであろう．図 5・14 は 2dF サーベイによる結果で（2dF ウエブ・サイトのトップ・ページで紹介されている），奥行きは 20 億光年まで届いている（図 5・11 のちょうど 10 倍）．ネットワーク状に銀河分布の粗密があり，局部超銀河団は，密のひとかけらだったということがわかる（局部超銀河団の領域はこのサーベイ領域に入っていない）．

ところで，少し乱暴ではあるが，星の見え方と銀河の見え方をつないでみよう．銀河 1 つを星 1 つと考えてみると，局部銀河群の銀河は全天に分布している．まさに星座の星々である．もちろん局部銀河群の銀河数は多く勘定しても

5.6 宇宙の大規模構造

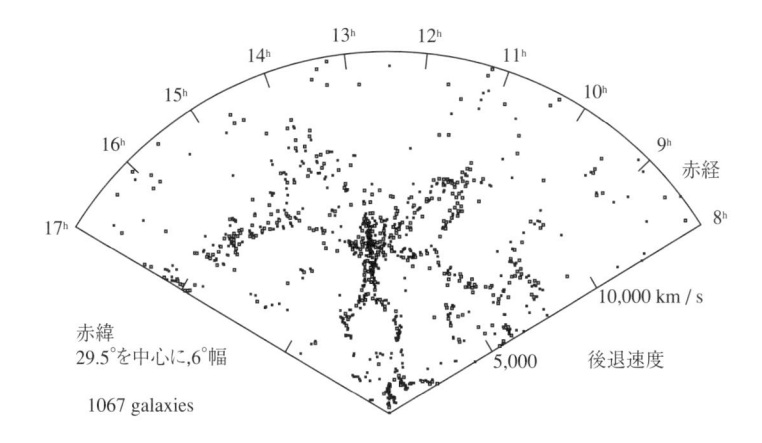

図 5・13 ゲラーとハクラによる，宇宙の大規模構造の記念碑的地図（Geller M.J., Huchra J.P. 1987 IAU Symp 124, 301, fig.2a を改変）．

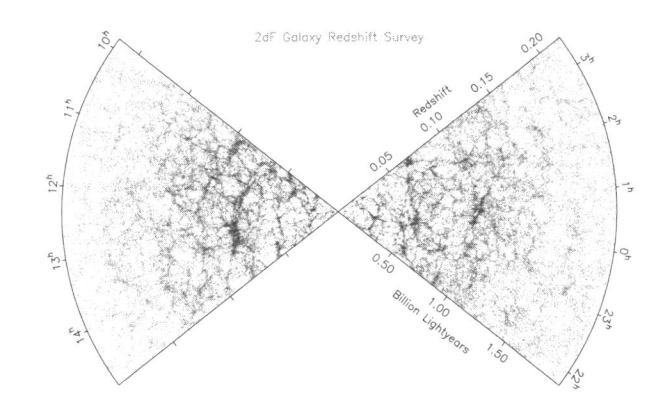

図 5・14 2dF による，2003 年発表の宇宙の大規模構造の地図．アングロ・オーストラリア天文台内の口径 4 m 専用望遠鏡に，2 度視野（2-degree field of view だから 2dF）で 400 本のファイバー分光器を取り付け，25 万個以上の銀河のレッドシフト・サーベイをしたもの（http://msowww.anu.edu.au/2dFGRS/ より）．

数十個だし，アンドロメダ銀河近傍への集合もあるので，全天まんべんなくということではない．局部銀河群の隣の銀河群は，北天なら M 81 群，南天ならちょうこくしつ座群である．大型銀河が数個集まって見えるのは，まさに星団

というところである．銀河系を含め，近隣の銀河群はすべて，扁平な構造をもつ局部超銀河団に含まれている．しかも銀河系は局部超銀河団の円盤部の端の方にある．局部超銀河団はまさに天の川のようである．よその超銀河団は，その天の川より向こうにある，よその銀河のようにも見える．もちろん星と銀河で違う点は多い．一番の違いは星同士の衝突はめったに起こらないが，銀河同士の衝突はよく起こるということである．

さて，このように星と銀河の世界が見かけ相似的に階層をなしているとすると，無限に続いているのでは，と恐ろしくもなる．しかしどうやら，超銀河団レベルの天体のネットワークが宇宙全体を覆っているということで，宇宙全体の銀河分布を理解できるのではないかと思われている．それは，超銀河団レベルになると宇宙が始まってからの成長が，時間的にぎりぎりであること，銀河団も現在成長中の段階であることから考えられる．しかし，マクロ，ミクロの極限の研究は，いつも，こんなところだろうという予想を裏切ってきた．超銀河団の存在は20世紀半ばには，よく知られるようになっていたとはいえ，詳しい研究がなされてきたのは1980年代に入ってからで，つい最近のことである．

5.7 銀河団ガス

銀河団内の銀河と銀河の間は完全な真空ではない．まずは，メンバー銀河の速度分散の大きさから，ダーク・マターの存在が確実視されている．また，非常に希薄であるが，ガスも分布している．銀河団の強い重力場の中にとどまっているガスは，ある温度に対応する圧力をもっている．温度は1億度程度にもなり，X線を放射している[15]．X線で銀河団を観測すると，高温ガスの巨大な塊として見える．ガスの温度，ガスの重元素量とそれらのガス塊の中での分布から，銀河団の形成の歴史やダーク・マターの分布について研究が進められている．

銀河にはHIガスや分子ガスといった，「冷たい」ガスが付随している．銀河が高温のガスという環境に浸されながら銀河団内を走り回ると，銀河内のガ

---

[15] 高温の物体ほど短い波長の電磁波を出す．

5.7 銀河団ガス

スは「蒸発」したり，あるいは「風圧」を受けて失われていくことになる．図 5・15 はそのような状況を示したものである．おとめ座銀河団中の銀河の中性水素分布を等高線で表現している．銀河団中心に向かう側のガスが欠乏しており，中心にいくほどガス欠になっていることがわかる．銀河団中心部という特殊な環境は，このように銀河をガス欠にするようだ．その結果として，渦巻銀河を S0 銀河に変えたり，頻発する銀河－銀河相互作用を通してより早期型の形態へと変化させたりするのでは，と考えられている．形態密度関係があることや，銀河団中心部で S0 銀河がよく見られることに関係しているのであろう．

　銀河団ガスで注目すべきことは，ガスに重元素が含まれているということである．銀河団内の高温ガスの X 線スペクトルを取ると，高階電離した鉄の輝線が見える．銀河から噴き上げたものとしか考えられない．銀河形成初期の激

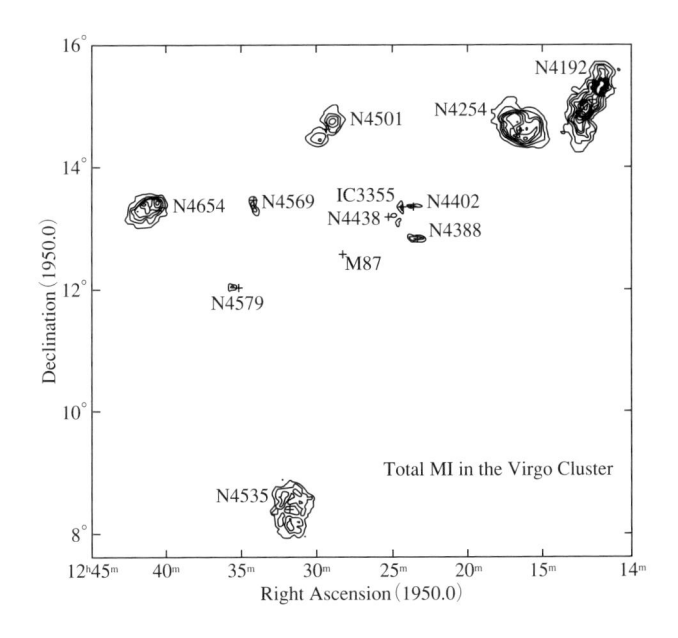

図 5・15　おとめ座銀河団のメンバー銀河のガスはぎ取り．電波干渉計 VLA による，銀河の H I ガス地図を，銀河分布図と重ねて示したもの（Haynes M.P., Giovanelli R., Chincarini G.L. 1984 ARA&A 22, 445, fig5）．

しい星形成の際，大規模な銀河風を発生させ，銀河間空間に大量の重元素を供給したと思われる．銀河と銀河団ガスは互いに相互作用しながら進化してきたようである．

　ダーク・マターの世界でも，銀河のダーク・マター・ハローの連合体という形で，銀河団全体に対応した大きなダーク・マター分布が見られる．X線で撮像される銀河団ガス像は，ダーク・マター分布を調べるのにも使われている．銀河団は，ずっと遠方の銀河の重力レンズ像も作る．その解析から，重力源としての銀河団の質量分布を求めることもできる．このように，銀河団は宇宙全体の質量分布を知る上でも大切な天体である．

● COLUMN5 ●

どこでもドア

　第1章のコラムで,「世界中の天文学研究者が, ともに, 世界中の天文台の研究者」と書いた. もう1つ, 誰もが生データ（第一次のデータ）を共有して研究できる, ということも記しておきたい.

　天文学で扱う資料は, デジタルの写真, 数表, またこれらのデータ処理用のプログラムなど, 計算機上に乗るものが多いという幸運に恵まれている. 最近はどの研究分野でも電子出版が盛んだが, 天文学はもっとも早く電子化が進んだ分野の1つだろう.

　天文学では写真が大きな情報源である. 地上, あるいは衛星軌道上の望遠鏡から, 可視光のみならず, あらゆる電磁波で写真を撮っている. プレスリリース用のきれいな写真は, みなさんおなじみだろう. しかし, これだけではない. なんと生データまで公開されているのである. 望遠鏡に取り付けてある観測装置から計算機に取り込まれたままの, 処理をしていない状態のデータを生データと呼んでいる. それがデジタルの写真であれば, 劣化なしに複製を作ることができる. 研究, あるいは教育目的であれば, しかるべき申請をすれば無料でこの生データを入手し, 処理をして, 自分の研究に使うことができる. 世界中の天文学研究者が, ともに, 世界中の天文台の「観測者」にまで, なるのである. もちろん, 別の研究者による生データだから, 自分の研究目的に合わないことが普通である. しかし多くの種類の生データが公開されているし, そもそもそれには, 当初の研究目的を超えて多くの情報が詰まっているので, 自分の研究目的に合う生データは, 案外あるものである.

　共同利用をしている天文台のほとんどで, 生データを公開している. それを実際に取得したのは, 採択された課題の申請者と天文台の担当者である. その人たちに, 優先的な使用権がある. だから取得後1年や2年といった期間を設定し, その間は公開されない. しかしそれを過ぎると公開される. 話は戻るが, 実際のデータ取得は, 研究課題申請者と天文台が協力して行う. 一部の大型天文台や衛星天文台では, 研究者は研究課題を申請して, データ取得は天文

台の担当者だけで，という場合がある．いずれにしても，データの著作権は天文台にある．天文台の財産を，天文台から全世界の研究者に公開しているのである．とことん共同利用である．

　日本では，この公開データのセンター的業務を，国立天文台が他の研究機関と連携して行っている．写真の生データはもちろん，論文，カタログなど，さまざまなものが利用しやすいように整理されている．筆者も，これらのオンライン天文台に助けられている．本書執筆の際も，大いに助かった．どこにいても，世界の天文台と図書館へ，「どこでもドア」のように行き来できる，というのはちょっと大げさだが，その環境整備が今日も続けられている．

CHAPTER 6
銀河での星形成

　銀河を星の大集団ととらえるなら，星は，いつ，どこで，どれくらいできているのか，できてきたのか，を知ることが重要になってくる．本章では，この観点から銀河を見る方法を紹介する．これまでの章は比較的「静的」な銀河像の俯瞰という感じであったが，本章は「活きている銀河」の見方のということになる．またこれは，銀河の生い立ちを知る上で，大切な観点である．

6.1 星形成の観測

　銀河には多くの星がある．銀河系クラスの大型銀河では1000億個程度と考えられている．しかし，銀河誕生の時は，原始の雲塊だったはずだ．そして，銀河の中で星が形成されてきて現在の銀河になったはずである．銀河での星形成は，銀河進化の研究において，基礎となる過程なのである．

　ところで，銀河の中で星が生まれている，ということをどうやって認識するのであろうか．生まれた星を1つずつ勘定できればそれに越したことはない．銀河系内の，太陽系近傍の一部の星形成領域ではこの方法が可能である．もっとも，生まれたての星が星雲に包まれている場合もあり，近傍といえどもそう簡単ではない．個々の星への分解が難しい銀河では，もっと他の工夫が必要である．星の誕生時には，いろいろな質量の星が生まれる．大質量星から小質量星まで，スペクトル型ではO, B, A, F, G, K, Mという系列になる．どの質量の星が互いにどのくらいできるのかという割合もよく調べられていて，初期質量関数という形で表される．初期質量関数は環境によって変化すると思われるが，多くの場合標準的な関数形を用いる．できた星の個数について，質量がMから$M+dM$の間になる確率を$\xi(M)dM$とすれば，

$$\xi(M) \propto M^{-\alpha} \tag{19}$$

という形で表現されることが多い．大質量星から小質量星まで1つのべきで表すのは難しいが，一般に α の値として2〜3が当てられる．2章2.3節で紹介したように，星の光度 L と質量 M の間には，

$$L \propto M^\beta \tag{20}$$

で β として3〜4という関係があった．式 (19) と式 (20) を考え合わせると，大質量星ほど数が少ないが，光度の大きさはそれを補って余りあることがわかる．一方，大質量星ほど色が青い（短波長で放射）ということを考えると，観測する波長域を限れば，かならずしも大質量星が圧倒するわけではない．図 6・1 は，初期質量関数として，式 (19) の形で，

$$\alpha = 1.3 \pm 0.6 \quad 0.08 \leqq M < 0.50 \ [M_\odot]$$

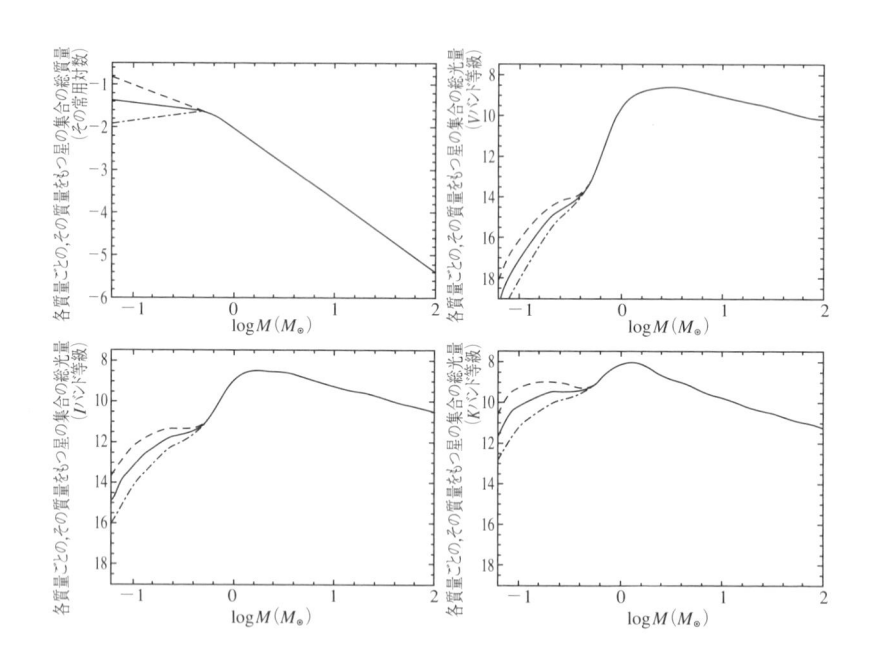

図 6・1 初期質量関数に対応した，質量分布（左上），V（右上，可視光緑色帯域），I（左下，可視光から近赤外域にかけての帯域），K バンド（右下，$2\mu m$ あたりの近赤外帯域）での光度分布．横軸は太陽質量を単位とした質量の常用対数．式 (21) での 0.50 $M_\odot$ より小質量での初期質量関数の不定性を，この図で破線として表してある．(Allen's Astrophysical Quantities, 4th edition, A.N. Cox 2000, Springer, fig.19.1 を改変).

6.1 星形成の観測

$$\alpha = 2.2 \quad 0.50 < M \leqq 1.0 \ [M_\odot]$$
$$\alpha = 2.7 \quad 1.0 < M < 100 \ [M_\odot] \qquad (21)$$

として与えた際の，星の質量ごとの質量分布（個数×質量），V, I, K バンドでの光度の分布を示している．質量で見れば圧倒的に小質量星に重みがあるが，光度で見ると大質量星に重みが出て，波長の短いバンドほどそれが顕著になることがわかる．図 6・1 では示していないが，紫外線でなら，もっと大質量星に重みのあるものになる．大質量星の方が短寿命だから，時間が経てば，短い波長域のバンドでの光度減少が顕著になり，青い色から赤い色に変わることになる．

O 型星は数 100 万年程度，B 型星は数 1000 万年程度の寿命で，宇宙のカレンダーからすると大変短時間である．これらの星が見えているところでは，現在も星を形成している領域を付随していることが多くある．OB 型星は大変放射エネルギーが強く，周りにもいろいろな影響を与えることができる．それを利用して OB 型星の数を推定し，初期質量関数を介して，星形成の全質量を推定しているのである．以下で説明する式の前提となる考え方を，図 6・2 で説明した．この図の現象の総合が，我々が見る銀河のスペクトルに反映されている．図 6・3 に，星形成活動の小さいものから大きなものの順に，銀河のスペクトルの例を示した．

OB 型星は紫外線を多く放射している．したがって，紫外線の放射量を測り，ここから現在の星形成率（SFR）を以下の式で求めることができる．

$$SFR \ [M_\odot \ \mathrm{yr}^{-1}] = 1.4 \times 10^{-28} L_\nu \ [\mathrm{erg \ s^{-1} \ Hz^{-1}}] \qquad (22)$$

ここで L_ν は波長 1500〜2800 オングストローム（Å）の間での，単位周波数での紫外線強度（多くの場合 L_ν は平坦なスペクトルを示す）である．SFR は 1 年あたりにガスから星になった総質量で表現している．

OB 型星が多くなると，可視光域での色が青くなる．色を使って OB 型星の量を推定するところから，SFR を知ることもできる．図 6・4 に一例を示した．ここでは $U-V$ という色指数を用いている．数値が小さいほど青い色に対応している．V バンドで $10^{10} L_\odot$ の光度をもつ銀河では，$U-V=0$ の場合（かなり青い色に対応），SFR が 3 $M_\odot \ \mathrm{yr}^{-1}$ ということになる．紫外線強度も可視光域の色も，OB 型星からの直接の放射を基にしたものであった．この点に注

図 6・2 星形成領域から,何が放射されているか.

目すると,「青い色の銀河」という集合は,活動的(星形成活動が活発,銀河中心核の活動性が高い,という意味)な銀河を効果的にサンプルすることができると考えられる.木曽観測所で高瀬文志郎や宮内良子らは,シュミット望遠鏡を使って1980年代から20年以上かけて1万個以上の紫外線超過銀河をカタログした[1].

星ができると,周りのガス(自分たちを作り出した星雲)の粒子にエネルギーを与え,輝線星雲を作る.輝線の放射エネルギーは星からの紫外線が基であるから,ここからも SFR を求めることができる.一番よく使われるものは水

---

[1] 天文学研究において,日本の研究陣は健闘していることをぜひともお伝えしないといけない.遠方天体探査の記録作りをはじめ,すばる望遠鏡が多方面で大活躍していることは有名である.赤外線天文衛星「あかり」などの科学衛星の活躍もものすごい.それによって,世界で参照される大規模カタログもつくりだされている.地上観測からは,スローン・デジタル・スカイ・サーベイのカタログ,そして木曽観測所の木曽紫外超過銀河カタログ (KUG) や斎藤衛らによる天の川面背後の銀河カタログといった大規模カタログもある.「かぐや」のような月探査機,「はやぶさ」のような人工惑星も忘れることができない.

6.1 星形成の観測

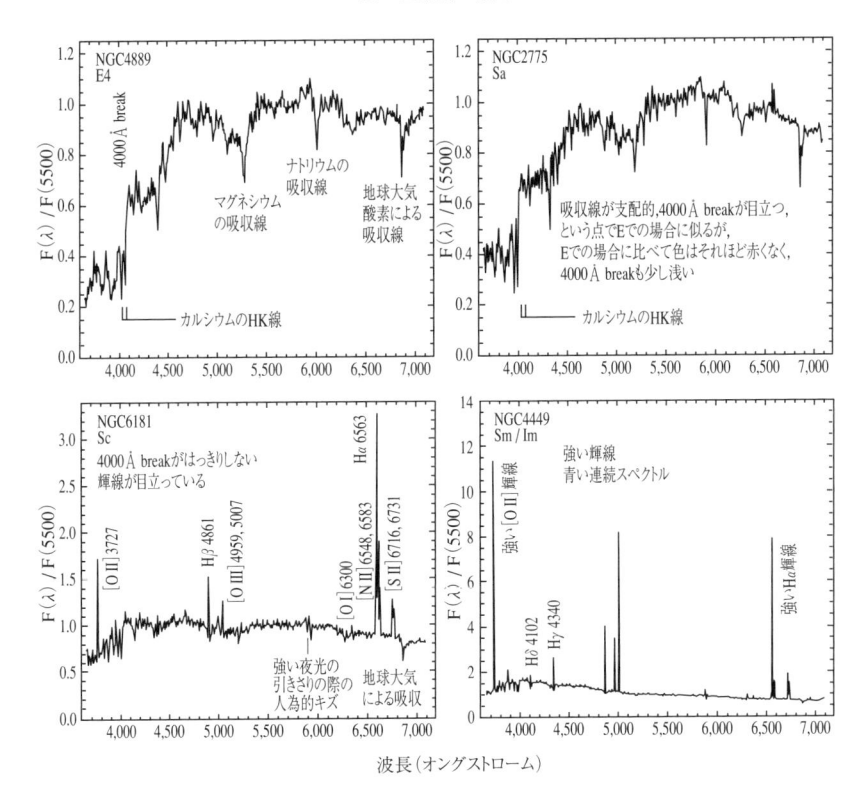

図 6・3 銀河のスペクトルの例. ケニカットの成果から引用. 縦軸は, 5500Åでの強度が1になるように目盛をつけてある. ここでは星形成の観点から「消極的」なE型銀河,「積極的」なIm型銀河と, その両極端の中間として, Sa型とSc型銀河の例をあげ, 読みとり方も書き込んだ (Kennicutt R.C., Jr. 1992 ApJ 388, 310, fig.2a を改変).

素原子の再結合線 Hα で, 波長 6563 オングストロームにある非常に強い線である.

$$SFR\,[M_\odot\,\mathrm{yr}^{-1}] = 7.9 \times 10^{-42}\, L\,(\mathrm{H}\alpha)\,[\mathrm{erg\,s}^{-1}] \qquad (23)$$

輝線としては, 酸素一階電離の禁制線 ([O II] と表記される) で波長 3727 オングストロームのものも利用される.

$$SFR\,[M_\odot\,\mathrm{yr}^{-1}] = 1.4 \times 10^{-41}\, L\,([\mathrm{O\,II}])\,[\mathrm{erg\,s}^{-1}] \qquad (24)$$

遠方銀河の観測では, 大きく赤方偏移したスペクトルを扱うことになる. その場合, Hα 輝線が観測しにくいような長波長へと偏移してしまうことがある.

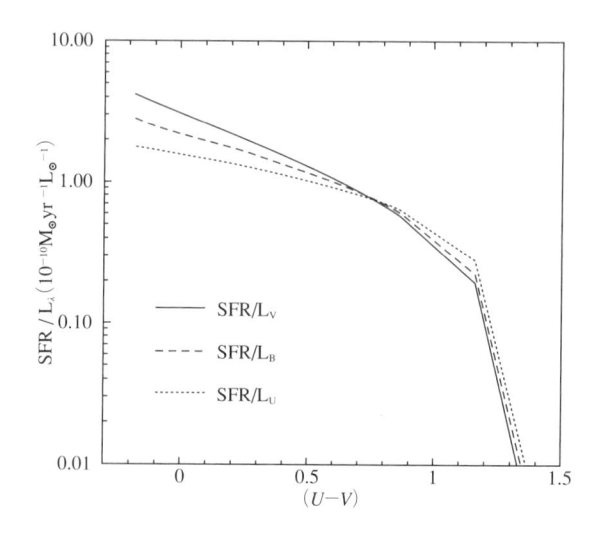

図6・4 色と星形成率の関係の計算例（Kennicutt R.C., Jr. 1998 ARA&A 36, 189, fig.2）.

その場合，より短波長にあって比較的強度が大きい［O II］輝線を利用する．星雲のガスの中にはダスト（塵，固体微粒子）も含まれている．OB型星からの紫外線はダストを暖め，暖まった（といっても絶対温度で数十度）ダストからの熱放射が，遠赤外線域（FIR; far infrared）で行われる．ダストからの遠赤外線放射を逆換算し，OB型星の数を介して SFR に焼き直すことができる．

$$SFR\,[M_\odot\,\mathrm{yr}^{-1}] = 4.5 \times 10^{-44}\,L_{\mathrm{IR}}\,[\mathrm{erg\,s}^{-1}] \tag{25}$$

ここで L_{IR} は，8〜1000マイクロメートル（μm）での遠赤外線光度を表しており，IRASの4つの帯域（12, 25, 60, 100マイクロメートルでのフラックス測光，$f_{12}, f_{25}, f_{60}, f_{100}$，いずれもジャンスキー（Jy）単位）から，

$$f_{\mathrm{IR}}\,(8-1000\,\mu\mathrm{m})\,[\mathrm{W\,m}^{-2}] =$$
$$1.8 \times 10^{-14}\,(13.48 f_{12} + 5.16 f_{25} + 2.58 f_{60} + f_{100}) \tag{26}$$

として求められる．IRASのデータからは，

$$f_{\mathrm{FIR}}\,(42.5-122.5\,\mu\mathrm{m})\,[\mathrm{W\,m}^{-2}] = 1.26 \times 10^{-14}\,(2.58 f_{60} + f_{100}) \tag{27}$$

という量も多用される（巻末の銀河リストで示した遠赤外線フラックスは，こちらの方）．ここから，

6.1 星形成の観測

$$SFR\,[M_\odot\,\mathrm{yr}^{-1}] = 8 \times 10^{-44}\,L_\mathrm{FIR}\,[\mathrm{erg\,s}^{-1}] \qquad (28)$$

という関係式も得られている．係数の不定性が大きく，ここでは 8 という値を示したが，5 から 16 の間と推定されている．遠赤外線のフラックスあるいは光度という場合，式（26）か式（27）か，どの波長域でのものか注意する必要がある[2]．

星が形成されているから OB 型星の寄与で，①紫外線強度が高くなる，②色が青くなる，③周りのガスを電離して輝線を出す，④ガスの中のダストを暖めて遠赤外線で再放射する，わけであるから，どの方法で測っても同じ SFR になってほしいところである．しかし，現実にはそうはいかない．ガスの中のダストは光を吸収し，特に短い波長でそれが顕著である．紫外線は容易に吸収され，SFR を過小評価することになる．吸収は赤化という現象を伴うので，色について，測定値そのままを使うことには慎重でないといけない．Hα 輝線にも，吸収の影響はある．また OB 型星からの紫外線を星雲中の水素ガスがどのくらいの割合で受け止めるのか，その値によっても強度が変化するので，SFR の評価にも，ある程度の誤差がつきまとってしまう．[O II] 輝線は波長が短いので，吸収の影響が大きく出るであろう．遠赤外線放射にも問題がある．受け止めるダストが多いか少ないかで，再放射の強度が変わってしまう．主にダストは，炭素やケイ素でできていて，ガス中の重元素量と相関している．重元素量の少ないガスであれば，そのようなガスに包まれていても遠赤外線強度は強くならないであろう．ダストを暖めるのは OB 型星ばかりでなく，もっと低温の星からの寄与も多いことがわかっている．遠赤外線強度が大きければ，活発な星形成からの大きな寄与によるものと解釈できるのであるが，逆に遠赤外線強度が小さければ，現在の星形成と関係ない成分も目立ってきてしまうのである．竹内努らの研究グループは，紫外線フラックスと赤外線フラックスから SFR をより現実的に算出する方法を提案している（Takeuchi T.T. et al. 2010 A&A 514, A4）．遠赤外線から算出した SFR（dust）と（これは式（25）のこと），紫外線天文衛星 GALEX から得られた遠紫外線（有効波長 1516 オング

---

[2] 式（23）（24）（25）は Kennicutt R.C., Jr. 1998 ARA&A 36, 189 から引用した．式（28）は Buat V., Xu C. 1996 A&A 306 61 から引用した．

ストロームの広帯域）光度 L_{FUV}[3] から

$$\log SFR\,(\mathrm{FUV}) = \log L_{\mathrm{FUV}}\,[L_\odot] - 9.33 \tag{29}$$

として算出される $SFR\,(\mathrm{FUV})$ から，

$$SFR = (1-\eta)\,SFR\,(\mathrm{dust}) + SFR\,(\mathrm{FUV}) \tag{30}$$

と表現できることを提案した．ここで η は，赤外線放射のうち，現在の星形成に関係ない成分[4]に対応したものである．

　以上のように，SFR を求めることは簡単ではない．対象としている銀河や星形成領域の性質をよく考慮した上で適した方法を用いるしかないのである．逆に，各々の SFR 推定値の違いを，星形成領域の性質をさぐる鍵にすることもできる．まだ星ができている状態ではないが未来の星形成物質として，あるいは現在進行中の星形成領域にある材料として分子雲がある．分子雲の主成分は水素分子（H_2）であるが，水素分子は輝線を出しにくく，豊富にあっても観測しにくいという難点がある．ごく微量ではあるが，分子雲に含まれている一酸化炭素（CO）は強い輝線を出し，ミリ波帯の電波で観測される．CO 電波輝線強度から CO 分子の量を出し，一酸化炭素－水素分子変換係数という経験値を用いて，水素分子雲の質量を推定している．星形成率を分子雲質量で割り算すると，星形成効率と呼べる量が議論できる．

　ガスの量と SFR の間には，シュミット則と呼ばれる考え方，また，ケニカット則と呼ばれる経験則がよく知られている．M. シュミットは 1959 年，局所的なガス空間密度 ρ_{gas} と SFR の間に，

$$SFR \propto \rho_{\mathrm{gas}}{}^n \tag{31}$$

と書いた際，太陽近傍では n は 1 から 2 の値を取ることを示した．銀河の大局的な星形成を考える際，観測の容易さから，空間密度 ρ より，柱密度（表面密度）[5] Σ で考えた方が良い．そこで 1989 年，R.C. ケニカットは，

$$\Sigma_{\mathrm{SFR}} \propto \Sigma_{\mathrm{gas}}{}^n \tag{32}$$

---

[3]　GALEX カタログとして，$f_\nu\,(\mathrm{FUV})$ に対応する量（1516 オングストロームでの AB 等級）が与えられている（巻末の銀河リストでもこの値を記している）．$f_{\mathrm{FUV}} = \nu f_\nu\,(\mathrm{FUV})$ を通して FUV 光度としている．

[4]　現在の星形成に関係ない，古くて低温の，晩期のスペクトル型の星からの放射を受けて，星間ガス中のダストは若干暖まる．これらは，赤外線撮像で巻雲（シラス）のように見えるので，「シラス」成分と呼ばれている．

6.1 星形成の観測

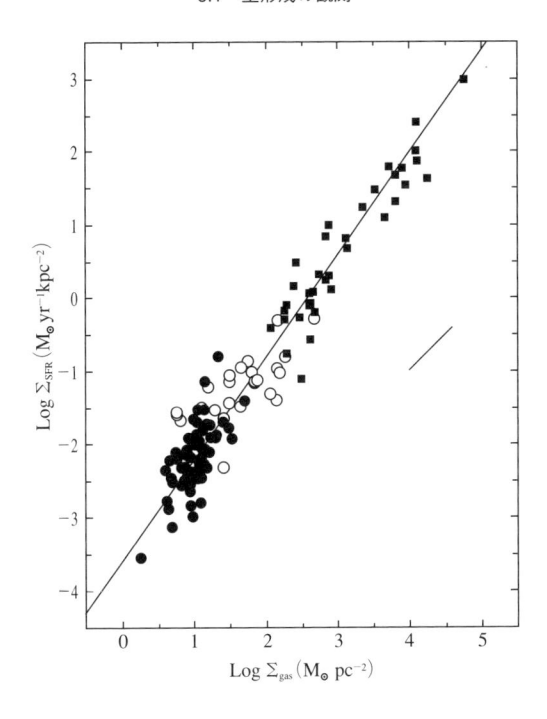

図6・5 横軸にガスの柱密度,縦軸にSFRの柱密度の常用対数をそれぞれ取り,両者を関係づけるべき数 $n = 1.4$ を実線で引いたもの.丸印はスターバーストを起こしていない渦巻銀河,白抜きは銀河中心部で得た値,四角印はスターバースト銀河(Kennicutt R.C., Jr. 1998 ApJ 498, 541, fig.6).

という表現を提案し,n は1.4程度であることを示した(図6・5).その後の観測では,これを支持しているが,星形成の理論的考察とのすりあわせは,現在進行中である.なお,ある Σ_{gas} を下回ると,星形成が起こらないように見える.これは星形成におけるガス柱密度の閾値と呼ばれている.

---

[5] 銀河を観測した際,空間密度を知るには,奥行き方向についての情報を得る必要があるが,奥行き方向に積分して天球面に投影した量なら,観測量をそのまま使える.空間密度は体積の逆数の次元だが,表面密度(中を見通しているので柱密度の表現の方がいいだろう)は面積の逆数の次元である.

6.2 スターバースト現象

　現在，星形成活動は楕円銀河では見られないが，渦巻銀河と不規則銀河で見られる．渦巻銀河では円盤部，特に腕の部分で星が作られており，ディスク星形成と呼んでいる．これとは別に銀河中心部でも強い星形成を行っている場合がある．バルジででではなく，中心核と呼んでいるブラックホールを伴った領域の周囲[6]で見られるもので，中心核周辺星形成（サーカムニュークリアー星形成）と呼んでいる．不規則銀河の中のマゼラン型の矮小銀河には銀河中心部と呼べるところがない．ディスク星形成の延長と考えて良いであろう．といっても腕の構造はなく，銀河内のあちこちに星形成領域が分布している．まさに不規則形状の原因である．銀河－銀河相互作用を行っている銀河では，ガスがあればディスク星形成，中心核周辺星形成，どちらも行っているものが多くあり，特に中心核周辺星形成が活発に見られる．

　現在，星形成を行っていなくても，もちろん過去には激しい星形成があったはずである．現在の渦巻銀河の典型的な星形成率は $0.1 \sim 1\, M_\odot\, \mathrm{yr}^{-1}$ である．銀河の年齢が100億年だとすると，この調子であればこれまでに数十億個の星しか生まれてこなかったことになる．逆に，銀河形成初期に現在よりもずっと活発な星形成があったことが示唆さる．楕円銀河に至っては，かなり激しい星形成があったのであろう．マゼラン型銀河では，長時間にわたって銀河をゆっくり作り上げている系，とも言える．あるいは初期の頃の星形成が抑えられていた可能性がある．

　以下では，ディスク星形成と中心核周辺星形成を分けて考えていくことにする．ディスク星形成は円盤部に広がっている．早期型渦巻銀河では円盤の比較的内側に星形成領域が集まり，晩期型になると円盤外側の方まで星形成領域が分布している．さんかく座の晩期型渦巻銀河 M 33 では，円盤外側部分にまで巨大な星形成領域が見られる．銀河とは独立の天体として見え，NGC 595 と NGC 604 といった「星雲」の名がついているくらいである（図 6・6 参照）．これらは局部銀河群内の大規模星形成領域である．オリオン星雲はたまたま近いから立派に見えているのだが，NGC 595, 604 に比べると規模はずっと小さ

---

[6] 周囲といっても，ブラックホール周りの降着円盤よりはずっと外側．

6.2 スターバースト現象

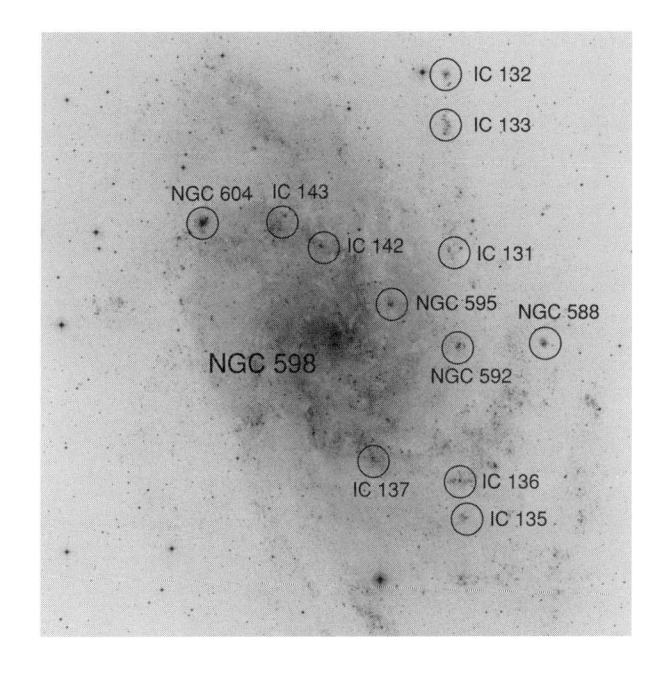

図 6・6 さんかく座の晩期型（Sc 型，フロキュレント型）渦巻銀河 M 33 の巨大星形成領域（DSS2-B の 40 分角）．M 33 の中で，NGC/IC 番号のついているもので，星形成領域あるいは若い星団（IC 136 と IC 137）のものを記した．M 33 は星形成活動が活発である一方，フェイス・オンに近い晩期型渦巻銀河であるために表面輝度が低く，星形成領域のノット（明るい塊状領域）が独立のものとしてとらえられやすい．メシエ番号のついている銀河で，多数の星形成領域に NGC/IC 番号が付いているのは，他には M 101 がある程度である．

なものである．マゼラン型銀河になると，予想もしないところに星形成領域が点在している（たとえば局部銀河群最大の星形成領域，大マゼラン銀河の 30 Dor など）．

　矮小不規則銀河のうち，いくつかは活発な星形成を行っている．これは図 3・12 で紹介した BCD 銀河がその極端なものである．スペクトルの例を図 6・7 に示しておこう．渦状腕でこそ星形成，というのが大型渦巻銀河での話であった．矮小不規則銀河では渦状腕がないので，同じ理屈での星形成では説明がつかない．おそらく矮小不規則銀河の星形成は，銀河内で自発的にガスが収縮しているか，銀河間雲と衝突[7]，先代の星形成領域による連鎖的超新星爆

CHAPTER6 銀河での星形成

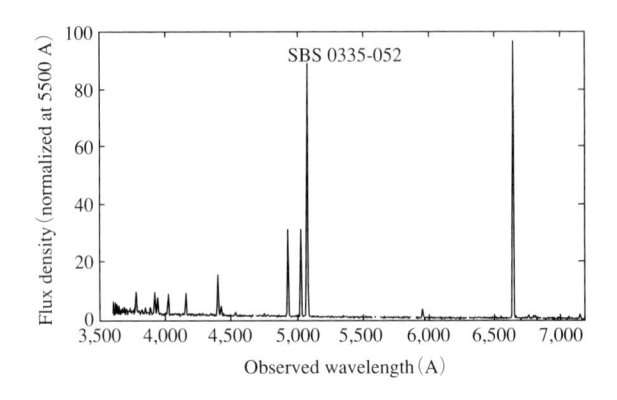

図6・7 ブルー・コンパクト矮小（BCD）銀河で，I Zwicky 18 と並んで重元素量が極端に少ないSBS0335-052のスペクトル．非常に強い輝線，その中でも水素のバルマー系列の突出，4000オングストローム・ブレイクをまったく感じさせない真っ青な連続光．これらは非常に強い現在の星形成と，重元素量の欠乏，これまでの星形成の積分の少なさを示しており，この銀河に含まれる星の平均年齢が非常に若いことを物語っている．近傍にありながら，生まれたての銀河という面を持ち合わせている貴重な天体．（筆者とD.A. ハンター，竹内努，吉川耕司，平下博之，岩田生らとの共同研究で，キットピーク天文台で取得したもの）

発で打ち上げた星間物質の再落下（銀河本体のガスと衝突）によったり，あるいは，近くの銀河との重力相互作用によって銀河内の質量分布や運動状態が乱され，銀河内のガス塊同士が積極的に衝突しあったりして，星形成を励起させているといったことが考えられる．これらはどれも偶発的で，星形成率の大きな時間変動が予想される．同じことは大型渦巻銀河でも起こっているのであろうが，渦状腕での規則的な星形成の方が勝っているのであろう．

ディスク星形成の強さは，ハッブル系列と良い相関がある．図4・3の相関はそのあらわれである．ただしこの図を見るのに注意が必要である．早期型銀河の方がバルジの影響が大きくなる．輝線と連続光の比較をする際，連続光成分がディスクだけのものより強くなってしまうのである．したがって，ディスク成分だけを取り出して等価幅の比較をする必要がある．また，棒構造の有無

---

[7] これは大型銀河でも起こっているのであろうが，矮小銀河では被害甚大となるので目立つだろう．

での違いも示してある．両者の間に顕著な差はない．ここには示していないが，腕のタイプ，すなわちグランド・デザイン型かフロキュレント型がでも差は見られない．ハッブル系列とは相関しても，円盤内の構造とは相関が弱いようである．

6.3 中心核スターバースト

　中心核周辺星形成に移ろう．これは銀河中心部の 1 kpc 以内のところで起こり，時として激しい星形成になるものである．SFR として $10 \sim 100\ M_\odot\ \mathrm{yr}^{-1}$ のものも見られる．その場合，活動銀河中心核（AGN）の一種であるスターバースト銀河核と呼ばれる．スターバーストとは爆発的星形成のことで，活動銀河中心核とは，非常に強い放射を行っている銀河中心核のことである．放射エネルギーの大変大きいものはクェーサーと呼ばれている．超巨大ブラックホールとその周りの降着円盤，それらをとりまくガスが作る系（モンスターと呼んでいる）だと考えられ，あらゆる電磁波（電波からガンマ線まで）で強い活動性を示している．クェーサーよりエネルギーの低いものは，セイファート銀河などと呼ばれている．スターバースト銀河核はモンスターそのものではなく，その周囲での星形成が極端に強くなっているものである．しかし，モンスター活動と同居している場合もあり，またスターバーストで生まれた大量のブラックホールが，モンスターに進化する可能性も議論されている．活動銀河中心核はそれだけで大変奥深い対象天体で，別の独立した書で説明しないといけない．ここでは活動銀河中心核についてはこの程度の紹介にとどめておく．

　図 6・8 に中心核周辺星形成をしている銀河の例として M 83 を挙げた．一見普通の渦巻銀河であるが，弱いが棒構造があり，それによるガスの中心部への供給が報告されている．図 3・10 中に示した M 82 もこの例の 1 つである．M 82 では，隣にある渦巻銀河の M 81 との相互作用によるガス流入が中心核周辺星形成の引き金だろうと言われている．非常に強い星形成は，集団的な超新星爆発を伴う．高温で高速のガス流が銀河から噴き出す銀河風と呼ばれる現象が起こっていると考えられている．M 82 では，銀河風による，銀河円盤に垂直方向のフィラメント状構造が形態の不規則性を際立たせている．

　中心核周辺星形成はハッブル系列と相関が弱いことが知られている．星形成

CHAPTER6　銀河での星形成

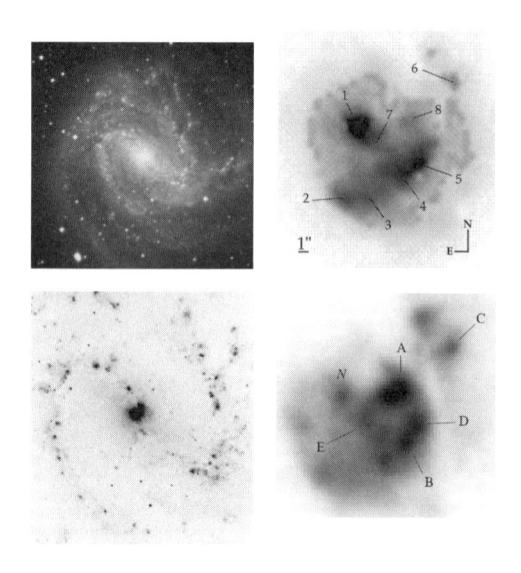

図6・8　中心核周囲（サーカムニュークリアー）星形成核をもつ銀河の1つ，M 83．左上：可視光での写真で一辺が10分角．ごく普通の，しかし美しい渦巻銀河で，南の回転花火と言われるくらいである．バルジ部分に弱い棒構造が見られる．右上：近赤外線 K バンド（2μm）で中心部を撮像したもの．1と記されたところが銀河中心部で，その周りに明るいノットがみられる．この写真は一辺が20秒角で，左上の写真と30倍の違いがあることに注意．左下：Hα輝線で撮像したもの．一辺5分角の範囲に，渦状腕に沿ったディスク星形成領域と，中心部（バルジ部分の内部）での強力な星形成領域が見える．右下はHα撮像の一辺20秒角の中心領域で，Kバンドデータでの写真と見比べてほしい．Nと記した場所が銀河中心核．特に中心核から西側，南西側にサーカムニュークリアー星形成領域が見える．なお，天体写真では上を北にすると左手に東がくる．普段見慣れている地図は上から見下ろし，星図や天体写真は下から見上げているから，東西に関して左右が逆になるのである．
（左上：DSS2-R．右上：Elmegreen D.M., Chromey F.R., Warren A.R. 1998 AJ 116, 2834, fig.8．下の2枚：Bresolin F., Kennicutt R.C., Jr. 2002 ApJ 572, 838, fig.1, fig.2）

活動が高いわけであるから，材料となる分子雲の観測も熱心に行われた．銀河全体にある分子ガスの量と中心核周辺星形成の強さに，目立った相関が見られなかった．しかし，棒構造がある，銀河-銀河相互作用があるということと相関を示していることが分かってきた．両者とも，銀河全体に広がるガスから角運動量を効果的に抜き取り，銀河中心部に落下させることができる機構と考えられている．つまり，いかに中心部にガスを供給するかが勝負になるわけであ

6.3 中心核スターバースト

る．銀河全体の形態に関係なく，銀河中心部での状況がどうなっているかが大切，ということである．またディスク星形成の継続は銀河の年齢に匹敵する時間尺度をもっているであろうが，中心核周辺星形成は短命な現象と思われる．長くても数億年の寿命と見積もられている．銀河の進化の中では遷移的な出来事と言えるであろう．

　ディスク星形成でも，完全に定常的な星形成をつづけているわけではなさそうである．図4・3の縦方向の点の分散は，時間的に変動する星形成強度を暗示している．中心核周辺星形成では時間変動がもっと激しいだろう．星形成の歴史の中で，非常に高い水準に達している状態もスターバーストと称されることがある．マゼラン型の矮小不規則銀河の一部，たとえば図3・12左のNGC 4449は，そのような銀河の例と考えられている．小型銀河であるが，銀河全域に星形成領域が分布している．図3・12右のブルー・コンパクト矮小銀河は，矮小銀河の世界でのスターバースト銀河の代表である．このような銀河では過去の星形成量が少ない場合が多く，重元素量が大変低いことも知られている．銀河の重元素量の最低記録は，図3・12右のI Zwicky 18がもっており，太陽での値を基準としてその50分の1と算出されている．そのような環境ではダストが少なく，光の吸収も非常に少なくなる．強烈な紫外線放射，真っ青な色，高い鏡面輝度が特徴で，ブルー・コンパクトの名の所以である．かつては宇宙空間に単独で浮かぶH II領域（銀河系外H II領域）と呼ばれていたくらいである．

　大型銀河でのスターバースト現象は，モンスターとの関連で銀河進化にとって重要な現象であるが，小型銀河でのスターバースト現象は，銀河全体の姿かたちが変わりうる一大事といえるであろう．あまりに激しいスターバーストなら，銀河風で残りのガスを吹き飛ばしてしまい，一気に矮小楕円銀河（あるいは矮小スフェロイダル銀河）になって星形成が終了，ということが起こるかもしれない．我々の銀河系もかつてはスターバースト現象を起こしたのかもしれないが，現在は起こしていないようである．銀河系は中心部にモンスターをもっているだろうが，ガスの供給が小さいためか，いわゆる活動銀河中心核としてのモンスター活動はなさそうである．

　スターバースト現象は，突然終わることがあると報告されている．スターバ

ーストの際に大量に星が形成されるが，OB型星はすぐに超新星爆発を起こして死んでいくので，新たな星形成供給がなければOB型星はその集団から消えていくことになる．その後，A型星が光量として卓越する時期がやってくる．O，B，A型星の寿命は，それぞれ，ざっと数100万年，数1000万年，数億年である．スターバーストが突然終わって1億年経てば，A型星特有のスペクトルが大きな寄与をしめる，ポスト・スターバーストと呼ばれる状態になる．これに関して，少し説明をしておこう．星が集団で生まれた時，早期型星になるほど存在数は少なくなる，光度が極端に大きくなるので，存在しているもっとも早期型の星のスペクトルが，その集団全体のスペクトルに大きな影響を示すことになる．OB型星は非常に青い連続光をもつだけでなく，周囲のガスを電離させ，ガスからはHαを始めとした輝線も放出する．A型星は青い連続光をもつが，星間ガスからHα輝線を発光させるほどの能力はない．なぜなら，そのような高エネルギー光子をほとんど放射していないからである．A型星の連続光には，水素のバルマー吸収線が非常に強く入っている[8]．FGKM型星もガスを電離させて輝線を出させる能力はない．連続光はもはや青くなく，多くの吸収線を伴っている．水素のバルマー吸収線もあるが，重元素による吸収線が目立ってくる．スターバーストが起こると，その領域では最初はOB型星のスペクトルが圧倒する．スターバーストが突然終わるとOB型星の供給も突然終わり，星団のスペクトルは「消極的」な変化を示すことになる．OB型星が死に絶えると，A型星スペクトルが圧倒する時代がくる．連続光の色は青いが輝線はない．連続光には水素のバルマー吸収線が目立ち，他の吸収線はあまり目立たない（図6・9）．

　子持ち銀河で有名な，りょうけん座のM51とペアのNGC5195は，ポスト・スターバースト銀河核をもつ代表である．かつてM51に接近し始めた時に，NGC5195でスターバーストが誘発されたのであろう．スターバーストによる大量のダスト供給が原因で，NGC5195には，複雑な暗黒星雲帯を形成している．M82と同様に，アモルファス型不規則銀河と分類されている．ダストによる吸収の影響が小さく，早期型の星（短波長で放射が強い）の寄与が小

---

[8] 歴史的には，バルマー吸収線がもっともはっきり見えるということで，A型と名づけられたくらいである．

6.3 中心核スターバースト

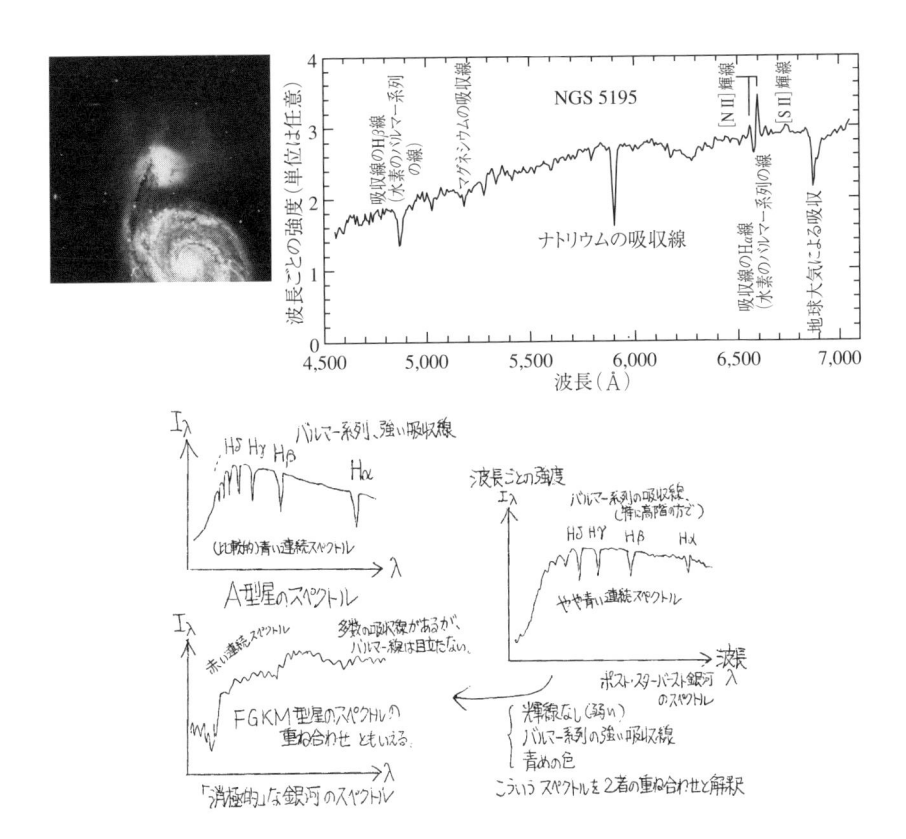

図 6・9 ポスト・スターバースト銀河の代表的なものである NGC 5195. 左上：可視光青色帯域でみた写真，画面下は「親」の M 51. 右上：銀河中心部のスペクトル．下：スペクトルの解釈．NGC 5195 は数億年前に終了したスターバーストによってダストを銀河内にまき散らし，可視光の写真で不規則形状を示すと同時に，可視光スペクトルを赤化させている．そのために，赤い連続スペクトルとして観測されている．（左上：DSS2-B の 10 分角．右：山田亨と筆者の共同研究による，Yamada T., Tomita A. 1996 Ground-Based Astronomy in Asia, 3rd East-Asian Meeting on Astronomy, ed. N. Kaifu, 268, fig.1 を改変）

CHAPTER6　銀河での星形成

さくなる近赤外線域で撮像を行うと，星としての質量分布をよく表す写真を撮ることができる．小質量星の方が，集合として全質量の中での寄与が大きいためである．それによると，NGC 5195 は SB0 型のようである．今はダストの多い，赤い色をした銀河であるが，スターバースト中（数千万年前）はきっと青い色をした明るく輝く銀河だったのであろう[9]．スターバーストは，どのようにして突然始まり，突然終わるのか，その頻度や間隔はどのくらいなのか，銀河進化にとって重要な課題で，研究が続けられている．特に矮小銀河での場合，その銀河の進化にとって決定的な現象である．なお M 51（NGC 5194）は NGC 5195 との接近遭遇によってグランド・デザイン型アームが励起されたと考えられている．どちらの銀河も，銀河－銀河相互作用の影響を強く受けた好例といえる．

---

[9] もっとも，あまりにスターバーストの強度が高いと，すぐに大量のダストのまき散らしが起こり，星間吸収による赤化が起こる．程度が激しいと，可視光でほとんど見えず，ダストによる再放射によって赤外線で光るものになる．青い色は，適度な強さのスターバーストのときに実現する．

● COLUMN6 ●

若手を奮い立たせた手紙

　研究の成果がまとまったら，論文発表だ．学術専門誌に投稿して，審査の末，OKがだされば掲載になる．この審査がとにかく厳しい．若手が最初の論文を投稿する時も，もちろん容赦はされない．大学院生の時は指導教員の多大なる助力を頂くが，それでも審査合格がかなわないときがある．最初からうまくいかないということをわかってはいても，掲載不採択の通知は大変辛いものである．

　私は最初の論文について，採択されるという幸運に恵まれた．ここで紹介するのは，私の妻が最初の論文を発表する時の話である．

　彼女は植物生理生態学を専門としている．ある研究成果がまとまったので，著名な学術誌に投稿した．しばらくして，厳しい審査内容の文章と共に不採択の通知がきた．ここまでは誰にでもある話である．

　ところが，この不採択通知が，間違って別の研究室に届けられた．その研究室の連中は，郵便の間違いであることを知っていたにもかかわらず，その通知の中を開けた．中には散々なことが書いてある手紙が入っている．それをみんなで酒の肴にして読んだのだろう．その後，妻に届けられた通知には，封筒の表に，大きな字で「残念でした」と鉛筆書きを消しゴムで消した後が残っていた．彼女は意気消沈していた．そうだろう．私も非常に辛かった．しばらくの間，彼女がいかに苦労してデータを取っていたか，よく見ていたからである．私は「残念でした」の字に激しく憤り，その研究室に抗議に行くことを考えた．しかし，まずは彼女がこの研究成果をどうまとめ直すか，どのように発表し直すか，その作戦を立てることを応援することが先決であった．

　どういう経緯だったか忘れたが，妻はある研究者に，助言が欲しいとすぐ手紙を書いた．その人は，ある著名な学術誌の編集委員も務めていた一級の研究者で，その当時，海外から日本に滞在していた，妻に言わせると大変陽気な研究者であった．すぐに返事がきて，それを見せてもらった．その手紙は短いものだったが，私がこれまでに最も印象に残っている手紙であった．大変残念な

ことに，その手紙が手元にないので，正確にその手紙の内容が再現できない．手紙には，研究成果発表には3段階あるといった，とても具体的なことが書いてあった．第1段階は達成しているから，第2段階に進むにあたり，これをしてはどうか，といった助言が書いてあった．そして，彼女が世界に向けて研究発表を行うことへの温かい励ましが書かれてあった．彼女は，その手紙を読みながら，見る見るうちに元気が戻ってきた．私は彼女の姿を横で見ていたし，本当にびっくりした．

しばらくして，その研究成果は別の形で日の目を見た．そして，数年後，妻の研究論文は，その分野で世界最高権威の学術誌の表紙を飾るまでになった．

結局，私は研究室への抗議に行かずじまいだった．素晴らしい手紙に私も触れることができ，抗議をすっかり忘れてしまったからである．その研究者は，今でも多くの後進を育てていると聞いている．きっと研究室でも素晴らしい先生であるに違いない．私はといえば，大変恥ずかしい限りである．

CHAPTER 7
銀河の形成と進化

　あらためて,「銀河の進化」という語について補足が必要だろう.「進化」という語は生物学で使われてきたものである.これは,世代を重ねるうちに形態や機能が変わっていくことであるが,銀河や星の進化といった場合,その銀河や星の一生のことを指している.ならば銀河の一生などと呼べばいいのであるが,慣習的に銀河の進化,と呼んでいる.

　銀河の進化という研究課題は,自然科学の中での天文学の特徴が出ている.自然科学の中で,時間変化を追う課題自体は珍しくないが,歴史としての時間変化を考えることに,特徴が出る.宇宙全体や個々の天体の歴史そのものは,それ自体唯一のものである.一方,我々は情報として時間的スナップショットを得るしかない.宇宙全体の進化を知るためにも,個々の天体(ここでは銀河)の進化を知る必要があり,それは多種多様な天体の観測を要求することになり,量的にも質的にも大規模な作業になる.そして,それは最先端の技術を必要とする.

　本章では,銀河研究の最先端でもある銀河の進化について触れる.とはいえ,日進月歩の分野のため,すぐに内容が古くなってしまう.ここでは考え方や方法論の概略と,注目の天体の名前の紹介にとどめる.銀河進化の研究の最新の話題は,新聞や科学雑誌,テレビなどでよく紹介される.読者の皆さんは,本書を読んだ上で,これらのニュースをよく見て,紹介された写真や解説文を自分自身なりに読み解いてほしい.

7.1　銀河の形成

　銀河自体は,いつ,どのようにして生まれてきたのであろうか.宇宙の始まりと,それに伴う銀河の始まりについては,なぞの多い領域である.ここでは

現在考えられているモデルを簡単に紹介しよう．宇宙開闢について，約140億年前のビッグ・バンという考え方が有力である．最初は，物質と放射は互いに強く相互作用していた．そして，宇宙は膨張し，温度は急激に下がっていった．ビッグ・バン後，数十万年で再結合という現象が起こった．陽子と電子，つまり正の電荷と負の電荷をもつ粒子が結合し，電気的に中性の原子になったのである．電磁波の放射は，荷電粒子と相互作用する．原子として中性化することにより，放射が物質との相互作用をほとんど起こさずに，空間を長距離直進できるようになったのである．これは，宇宙の晴れ上がりという現象である．宇宙全体が放射で満ちて不透明だったときの最後の放射が，宇宙背景放射として現在も観測されている．現在の宇宙は，かなり透明である[1]．したがって，宇宙の果て近くの銀河を撮影，といった新聞記事が可能なのである．光がそのような長大な距離を直進している，ということである．放射との強い相互作用が切れた後，物質は自身のもつ重力によって疎密を発達させ，天体の形成が起こり，構造の形成へと向かったのである．

天体の形成では，重力不安定による成長が大きな要素である．また，重力は物質が生じさせている．ところで，物質には通常の物質とダーク・マター（3章3.6節）がある．通常物質はガスの形を取ることが多いので，以下では通常物質という意味でガスと記すことがある．ダーク・マターは写真には直接は写らない（写りにくい）のであるが，重力源としてはガスと同じ立場である．最近の研究により，質量の上でダーク・マターはガスの5倍程度あると考えられている[2]．そうすると，構造形成はダーク・マター（DM）が主役を演じることになる．

ダーク・マターが実際どのような物質（粒子）から成っているのか，現在のところ不明である．いくつかの種類の粒子から成っているのかもしれない．ダーク・マター粒子については仮説を立てている状態のまま，構造形成の議論へと進めざるを得ない．ダーク・マターのうち，空間での速度分散が大きく，大

---

[1] もちろん完全に透明ではない．天体からの放射は，途中の経路にある物質と大なり小なり相互作用の末，地球に届く．

[2] 宇宙の中の物質およびエネルギー全体から考えると，ダーク・エネルギーと呼ばれるものが主成分になり，ダーク・マターも脇役になるという考え方が有力になっているが，ダーク・エネルギー問題の詳細については，宇宙論を解説した書に譲る．

7.1 銀河の形成

きな空間サイズでダーク・マター分布の疎密が目立つような粒子を，ホット・ダーク・マター（HDM）と呼んでいる．一方，空間での速度分散が小さく，したがって，小さな空間サイズでダーク・マター分布の疎密が目立つような粒子をコールド・ダーク・マター（CDM）と呼んでいる．現在，CDMによって宇宙の構造形成が進んできたという解釈が標準的になっている[3]．

空間にほぼ一様に分布していたガス（水素とヘリウム）が，重力不安定[4]によって，140億年の間に現在知られている構造（諸天体），そして構造の階層（銀河群，銀河団，宇宙の大規模構造）を発達させられるのかは，重大な問題である．大枠は，CDMモデルで，観測結果と合致する解釈が可能とされている．CDMは，放射と物質が切り離された時点で，ある程度の密度揺らぎをもっていたと考えられている．これは宇宙背景放射を観測した人工衛星のCOBE（コービー）やWMAPによって明らかにされている．CDMのゆらぎが，その後の構造形成の種になっていた，と考えられているのである．

ダーク・マターのゆらぎは確率的だったと考えられている．図7・1のように空間方向周波数（あるいはその逆数である，波長で表現）ごとに成分分解して，平均密度に比べての密度超過や不足という「ゆらぎ」の振幅を考えてみる．ここでは単純に高周波成分と低周波成分の2つにわけている．ゆらぎの振幅は，高周波成分の方が低周波成分より大きいと考えられている．いろいろな成分の重ね合わせで，最終的に密度超過がある程度より大きいと，宇宙膨張を振り切って，重力による収縮によってダーク・マター・ハローの形成，すなわち，天体形成へと向かう．初期のゆらぎは時間をかけながら重力不安定で振幅を増していく．そして振幅がある程度以上に成長すると，ダーク・マター・ハローができる．図7・1からわかるように，これはサイズの小さなものから姿を現し，しかも将来の銀河団のような天体数密度の高い領域で発生したことが予想される．この小さな天体はビルディング・ブロックと呼ばれており，これらが互いに合体を繰り返し，現在観測されている大型銀河といった天体へと発

---

[3] コールドといっても，ガスは放射冷却という過程を経て，もっとコールドになることができる．したがって，コールド・ダーク・マターの構造は，ガスによる構造より，なお大規模なものである．
[4] 密になったところは重力でさらに周囲の物質を集めて密になる，という正のフィードバック．

達していったと考えられている．個々の銀河の入れ物になるダーク・マター・ハローと，それらを束ねる銀河団規模のダーク・マター・ハローができていき，階層構造はここでも見られると考えられている．このように小天体の出現後に，大天体が成長するというシナリオを，ボトム・アップ・シナリオと呼んでいる．HDMは，予想されるダーク・マター・ハローのサイズが，現在観測されている銀河団のスケールを超えるくらいになり，観測には合わないとされている．

　ダーク・マターはガスを引き連れて構造形成をしてきただろう．ガスは放射という過程を経て，自身のエネルギーを失うことができる．そうすると，自分のもつ圧力を減じてしまい，より収縮していくのである．どんどん収縮していって，ついには星という超高密度ガス塊になる．したがって，銀河内で見ていくと，ダーク・マターは薄く広く拡がっていて，ガスおよびそこから生まれた星の分布は中心集中度が強くなった，と考えられている．重力による構造形成ではダーク・マターが支配的であるが，写真に直接写る星の世界は，それとは多少なりとも違った分布をしていることになる．ダーク・マター・ハローの重力ポテンシャルが深くなければ，ガスの収縮も弱く，星の系を発達させることも難しかったと考えられる．

　ところで，重元素は星の核融合反応や超新星爆発で生成される．したがって，最初の世代の星には重元素が含まれていない．重元素は放射冷却がよく効くが，水素やヘリウムではあまり効かない．したがって，現在の宇宙で見られ

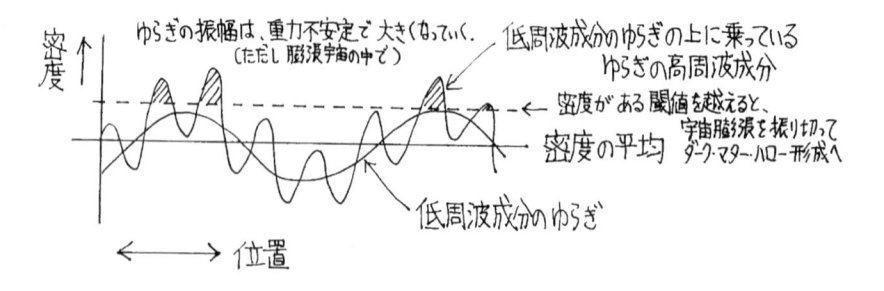

図7・1　ダーク・マターの初期の揺らぎのモデル．ダーク・マターが作る重力場にひきずられて，ガスの分布も左右される．

るような急激なガス塊冷却は，最初の星形成では起こらなかったと考えられる．その場合，小さな質量の塊は十分な重力収縮が起こらず，大質量星ばかり生まれると考えられている．しかも，その大質量の上限も，今日の宇宙で見られる大質量の上限よりずっと大きかったと考えられている．最初の星たちは，現在の宇宙で見られる星よりずっと高温で明るくて青い，つまり高エネルギー粒子を大量に放射していたのであろう．この現象に対応すると思われる観測結果がある．宇宙の再電離と呼ばれる現象である．つまり，宇宙の中のガスは一旦再結合して中性化していたのであるが，再び電離して今に至っているのである．遠方のクェーサーのスペクトルを解析すると，クェーサーから我々までの間の空間に，ほとんど中性水素がないことが確認されている．どのような現象が宇宙再電離を起こしたのか，現在研究が続けられているが，第0世代（種族III）の激しい星形成が関与している可能性がある．これらの激しい星形成は，連鎖的超新星爆発を引き起こし，これが銀河風となって銀河間空間への重元素放出を伴ったのだろう．銀河団内のガスに大量の重元素が見つかっているが，この時期の重元素供給が原因だった可能性がある．5章5.7節でも述べたが，銀河，もう少し広く考え，銀河を含んでいるダーク・マター・ハローは，銀河団ガスや紫外線放射密度といった周りの環境と相互作用しながら生まれ育ってきた，と考えることができるだろう．

　また，現在見えている矮小銀河は，大型銀河より含まれている星の平均年齢が若いことがわかっている．もし矮小銀河がビルディング・ブロックの生き残りと考えるなら，これは，ボトム・アップ・シナリオと反対の現象である．やや後に姿を現した，現在の矮小銀河に対応したダーク・マター・ハローでは，宇宙が再電離された後の強い紫外線の放射場にさらされ，中のガスの収縮とそれに伴う星形成を阻害されたのではないか，という解釈がある．ダーク・マター・ハローだけみるとボトム・アップ・シナリオで解釈可能でも，直接観測するガスと星の世界は互いに強く影響しあうので，複雑な生い立ちを示すと思われる．

7.2　統計的に見た銀河の進化

　銀河の進化といってもいろいろな観点がある．形態の変化，大きさの変化，

衝突・合体の歴史，存在数の変化，銀河群・団の形成，銀河内の星形成の歴史，などがあげられる．それぞれが関連しあっているので，どれか特定のものだけを純粋に取り出すことはできない．しかも，銀河の進化は，銀河周囲の環境はもちろん，銀河内の状態に応じて経路が変わりうる．衝突・合体は銀河群・団の形成と切り離せないだろうし，それを通して形態が変化し，大きさは大きくなり（時には互いに破壊，分裂しあうこともある），銀河数は少なくなり，またスターバースト現象の引き金にもなるであろう．あまりに複雑だと議論が進められないので，ここでは，星形成に関連させた銀河の進化に絞ることにする．星形成によって銀河の光度や色が大きく変わる．以下，銀河の光度や色の変化に反映される星形成史という観点に注目する．ここでは研究の方法などを中心に説明するにとどめる．

銀河の進化は，現代天文学の重要課題の1つになっている．星の進化と違い，銀河の進化にはわからない点が多く残っている．いろいろな年齢の銀河を並べて詳しく論じることが，まだ難しいのも1つの原因である．また星と違い，宇宙空間の進化の影響をより強く受けてしまう（7.1節参照）[5]．つい最近できた銀河というのは見当たらない[6]．しかし，十分過去にさかのぼると星形成がより活発だった成長期，さらには形成期をとらえることができるはずである．宇宙の中で銀河の数を勘定することで，これに迫ることができるのである．

図7・2に，横軸に見かけの等級，縦軸にその等級での銀河の天球面上存在密度を示した．銀河のナンバー・カウント（銀河計数）と呼ばれている方法である．

距離が遠くなると見かけの明るさは暗くなっていく．距離に応じて空間体積が増えるから，もし銀河存在密度が一定なら，それに伴って遠方銀河の個数も増えて見えるはずである．宇宙空間などの広大な距離を扱う際，単純な幾何学

---

[5] 本書ではほとんど扱わなかったが，活動銀河中心核による強い活動性があれば，その銀河の進化にとって大きな影響を及ぼしただろうと思われる．強い活動性は，強い紫外線放射場の形成や，ジェットなどの動力学的撹乱を起こしたであろう．それらは銀河内での星形成を阻害した場合もあるだろうし，ある過程を通じて促進の効果を生み出したかもしれない．銀河にとって，周囲の環境のみならず，自身が作った内的環境も進化を左右する．

[6] 宇宙の年齢に比べると，数分の1程度の年齢しかもたない銀河もあるのでは，という報告はある．図6・6も参照．

7.2 統計的に見た銀河の進化

で扱えないのであるが，そのあたりの補正を行って，期待される銀河数を計算することができる．遠方にあれば赤方偏移が起こり，見かけの可視光域で受け取る放射は，銀河本来の放射としてはもっと短波長側のものに対応する．見かけの銀河の明るさが距離に応じて暗くなることに加え，可視光域を含めてもっと幅広い波長域での銀河のスペクトル・エネルギー分布から，赤方偏移した際の見かけの明るさの予想ができる．銀河のスペクトル・エネルギー分布は多様だろうが，ここは統計的な処理の問題なので，標準的なものを与えることで対

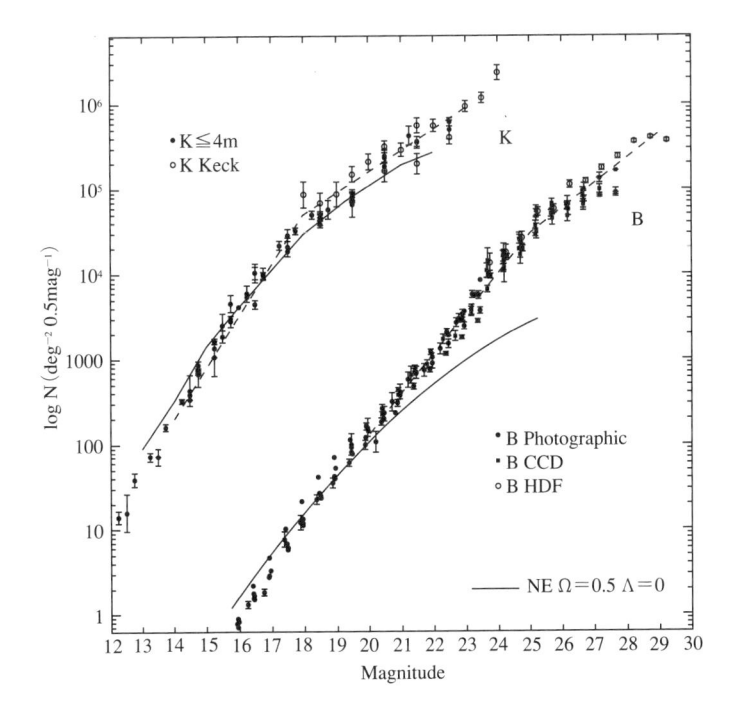

図7・2 銀河のナンバー・カウント．N（数）$-m$（等級）関係ともいわれる．横軸は等級，縦軸はその等級での銀河数の常用対数で，近赤外線Kバンド（波長2μm）および可視光Bバンド（波長0.44μm）での$N-m$曲線が示されている．Kバンドでの曲線は縦軸方向，対数尺度で1だけずらしてある．観測結果を点でうち，点の印の違いは観測データの違いである．実線は，銀河の進化がないとしたときの予想曲線．破線は観測点をフィットしたもので，実線より上側（銀河数が多い）ことに注意．ただしKバンドではこの差がほとんどない．しかしBバンドでは大きな差がある．R.S. エリスが1997年にまとめたフェイント・ブルー銀河のレビューから（R.S. Ellis 1997 ARA&A 35, 389, fig5a）．

応する．以上から，銀河が近傍も遠方も変わりないとしたときの，銀河のナンバー・カウントの予想ができるのである．これと実際のナンバー・カウントを比べると，暗い等級で銀河の数の超過が見られることがわかってきた．その超過は短い波長（より青い色）で顕著になっている．これは淡い青色銀河（フェイント・ブルー銀河）と呼ばれ，過去の活発な星形成銀河をとらえていると解釈することが可能である．あるいは過去の青い銀河が，合体で数が減ってきたという解釈もありうる．

ナンバー・カウントは，深い広視野撮像データだけから得られるもので，方法は比較的簡単である．銀河ひとつひとつの距離を知る必要もない．銀河数の変化と，銀河の光度の変化を分けていくためには，銀河個々の赤方偏移測定が必要になる．分光観測までいかなくとも，銀河を多数の帯域で撮影し，その色情報から赤方偏移を見積もることができる（波長分解の粗い分光観測といえる）．すばる望遠鏡による，すばる・ディープ・フィールドというプロジェクトで図7・3のような成果が得られている．赤方偏移を得るということは，見かけの等級を絶対等級に換算できるということであり，光度関数（式10）の赤方偏移に応じた進化を見ることができるということである．図7・3をみると，近赤外線 K バンドでは赤方偏移3（これは宇宙が始まって20億年と少しを経過したときに対応）から現在まで，光度関数にほとんど変化が見られない．しかし，可視光 B バンド，紫外線にいくにしたがって，現在よりも赤方偏移2あたりでは明るい銀河がもっと多く見られていた，という光度関数の進化が見える．銀河の全体集合で見て，赤方偏移2あたりで激しい星形成が起こったことを物語っている．形態別に見た光度関数というものも，別の研究者によって作成されている．ハッブル系列の楕円銀河や渦巻銀河，すなわち大型の銀河は，赤方偏移1程度から現在まで，星の集合の経年変化による光度変化を考慮すれば，光度関数に大きな違いはないようである．赤方偏移が1を超えてくると不規則形状や小型の銀河が増え，CDMによるボトム・アップ・シナリオに沿うようにも見える．しかし遠方銀河の形態分類は，大きな赤方偏移によって，静止系で見た波長が近傍でのものと違うことを含め，難しいことを考えておかないといけない（図3・6参照）．

銀河の光度，色進化の研究を総合して，宇宙論的星形成史（コズミック星形

7.2 統計的に見た銀河の進化

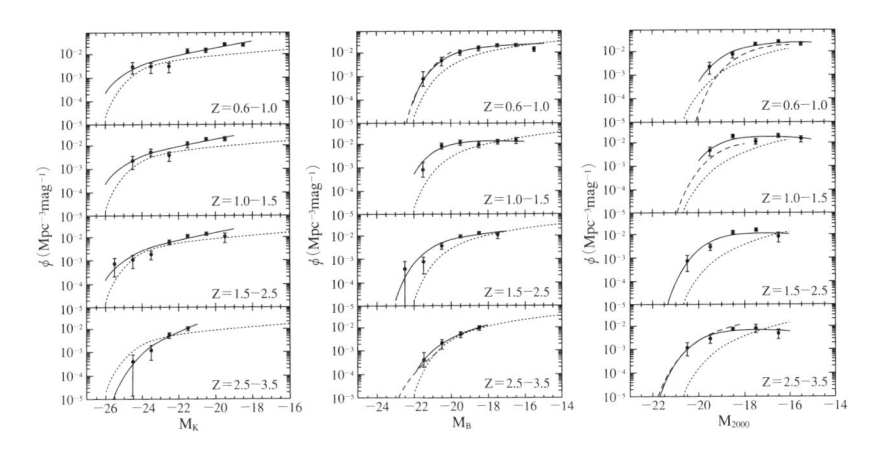

図 7・3 光度関数の赤方偏移に伴った進化[7]．左の列が近赤外線 K バンド，中の列が可視光 B バンド，右の列が紫外線 2000 オングストロームでの光度関数で，上の段から下の段にいくにしたがって赤方偏移 (z) が大きい，すなわち過去のもの．点が観測データ，実線が観測データをシェヒター関数でフィットしたもの．細かい破線は，それぞれのバンドでの近傍宇宙での光度関数．長い破線は，他の研究によるもので，すばる・ディープ・フィールドでの結果と矛盾ないことが示されている．柏川伸成らによって，すばる・ディープ・フィールドのデータ解析より得られたもの（N. Kashikawa et al. 2003 AJ 125, 53, figs.5,6,7）．

成史）を推定する作業まで進んできている．P. マダウらが発表し，今も多くの研究者によって改訂が続けられている．図 7・4 はその例である．

ナンバー・カウントは深宇宙を突き通す観測である．銀河団といった特殊な環境を意識せず，空間領域として大きな部分を占めることになる銀河団外領域（フィールド）も含めた星形成史の情報をもっていると考えられる．銀河団中心部という環境では，ブッチャー・エムラー効果と呼ばれる現象が知られている．赤方偏移が現在から 0.3 程度にまでさかのぼっただけで，銀河団中に青い色の銀河が増えてくる，というものである（図 7・5 参照）．

銀河団中心部では，形態―密度関係（図 3・16 参照）が知られている．楕円

---

[7] 赤方偏移が大きいときは，宇宙空間がいまよりずっと縮んでいたときでもある．光度関数は，ある光度をもつ，単位体積あたりの銀河数を勘定している．そのときにいう単位体積は，宇宙膨張によるものをちゃんと考慮に入れている．ここでいう体積は，共動体積と呼ばれるものである．

銀河，S0銀河は赤い色の銀河である．したがって，近傍，すなわち現在の銀河団の中心部では青い色の銀河がほとんど見つからない．過去にさかのぼれば，星形成の活発な銀河をとらえていくということは定性的には問題ないのであるが，その進化（ここでは時間をさかのぼるにつれての状態変化のこと）が「速い」と思われたのが，ブッチャー・エムラー効果である．ブッチャー・エムラー銀河は，その後の分光観測で，星形成の活発な銀河（スターバースト銀河ないしはそれに近い状態のもの），ポスト・スターバースト銀河，活動銀河中心核（モンスターによるもの）からなる集合であることがわかってきた．銀河団周囲から銀河団中心部に落下してきた，まだ星形成をしている渦巻銀河を混ぜてしまっている過程を見ているのか，あるいはガスの豊富な銀河が銀河団ガスとの相互作用の結果，スターバースト現象を誘発させられたのかと考えられる．前者は銀河団としてメンバー銀河が集まってくる過程と関係した現象をとらえていることでもある．

　銀河団銀河には色等級関係と呼ばれるものが知られている．図2・13で示し

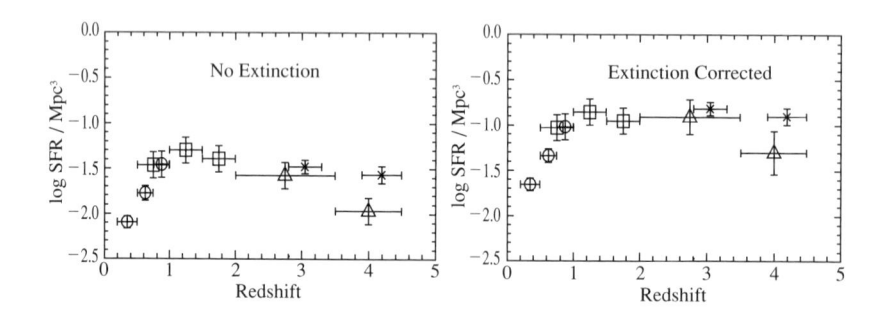

図7・4　横軸に赤方偏移，縦軸に単位体積あたりの星形成率の常用対数を示した，宇宙論的星形成史．1996年にP.マダウが最初にこの図を作成したため，マダウ・ダイアグラムとも称される．左はマダウらの初期成果に近い図で，右は銀河内の吸収（星形成活動によって銀河内に散布されたダストによって，紫外線が吸収されて銀河外に漏れにくくなったこと）を考慮に入れて更新した図．銀河の全体集合を考えたとき，赤方偏移1（宇宙が始まってから60億年経過，つまり宇宙の年齢の半分弱くらいの時代に対応）まで積極的な星形成をしていたが，そこから現在に時代が下ると，星形成率が1桁落ちてきたことがわかる．星の集団としての銀河の成長は大半が済み，現在は安定低成長の時代に入ったといえよう．1999年にC.C.スタイデルらによってそれまでのデータをまとめたもの（Steidel C.C. et al. 1999 ApJ 519, 1, fig.9）．

7.2 統計的に見た銀河の進化

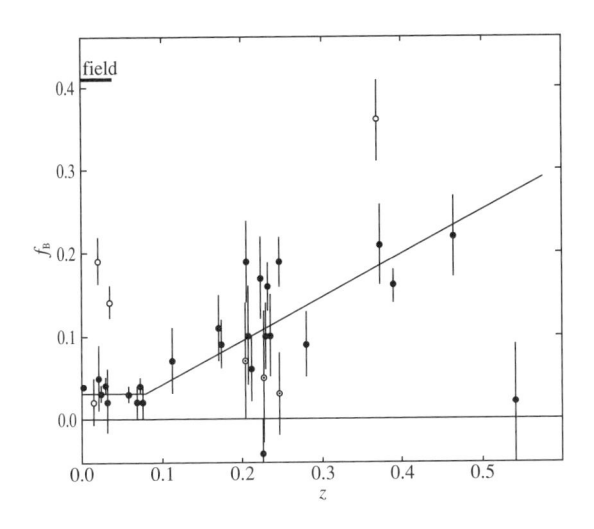

図7・5 ブッチャー・エムラー効果. 横軸は赤方偏移 (z), 縦軸は銀河団中の青い銀河の割合 (f_B). 縦軸の40%よりやや上のところに印が入っている field の線は, フィールド領域(銀河団外)での青い銀河の割合を示している. 図4・7で示したように, 銀河団銀河は早期型銀河が多いので, 現在は赤い銀河が多い. (Butcher H., Oemler A., Jr. 1984 ApJ 285, 426, fig.3)

　た星団の色等級図に相当するものを, 銀河団銀河に対してプロットしたものが図7・6である. この図で C-M effect (色等級効果) と記した線にあるように, 銀河団中の楕円銀河はこの線に沿うような分布をする. 明るくなると, やや赤い色を示すことは, 大型銀河ほど重力ポテンシャルが深く, 激しい星形成でも銀河風を発生させにくく, そのためより多くの世代で星形成が繰り返し, 重元素量が多くなって赤化したと解釈される. この色等級系列は, 星形成が完全に終了した楕円銀河の集合を見ているということを意味している. そうすると, 過去にさかのぼると, この色等級系列は見えなくなるはずである. 星形成活動が見えていれば, さまざまな色を取りうるからである. 図7・7は遠方銀河団中の銀河の色等級図の例である. 驚くことに, 色等級系列がしっかり見えている. 赤方偏移1くらいまでさかのぼっても, 銀河団中の楕円銀河は現在とあまり変わらぬ姿をしているようである.

　すばる望遠鏡などの超大型観測機器が登場し, 力でもって形成中の原始銀河

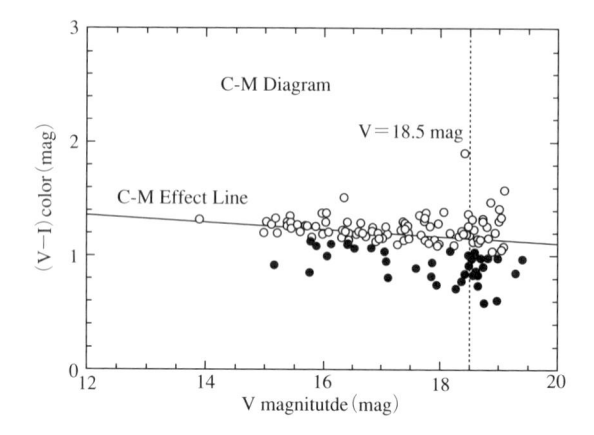

CHAPTER7　銀河の形成と進化

図7・6　銀河団中の銀河の色等級図の例．これは近傍にある銀河団 Abell 168 での例で，この銀河団は小銀河団が2つ衝突中のものである．図2・13の色等級図に似ているが，色と明るさの軸が慣習により逆になる．銀河団中の楕円銀河は，C-M effect と記した線のように色等級系列を強くもつ．筆者らの研究グループによる（Tomita A. et al. 1996 AJ 111, 42, fig.6）．

をとらえることが不可能ではなくなってきた．まだ例が少なく，特殊なものしか見つかっていないのかもしれない（7.3節参照）．サイズが小さく，形態の不規則な銀河が多く見つかっている．サイズが小さいことはその後の衝突・合体で大型銀河への成長が実際にあったことを暗示している．赤方偏移した光で見ているので静止系の紫外線域で見ているため，星形成領域が明るく目立ち，パッチー状に分布していることも影響していると思われる．これについては，近赤外線領域での観測によって静止系の可視光域での姿を知ることができる．これらの観測からも，赤方偏移3以上の遠方宇宙では小型不規則形状銀河が主役であることが示されてきている．

　楕円銀河と渦巻銀河の違いはどこからきたのか，多くの議論が重ねられてきた．ガス雲は連続体的であり，摩擦を生じて系の形を変えやすくなっているが，ガスが星に姿を変えると，星同士の間隔に比べて星の大きさが非常に小さくなるため，エネルギーを交換し合って系の形を変えることが難しくなる．初期の爆発的な星形成で，一気に星の系を完成させると球形状の星の系を作るだろう．楕円銀河の一部はこのようにして生まれたと考えらる．初期の頃に星形

7.2 統計的に見た銀河の進化

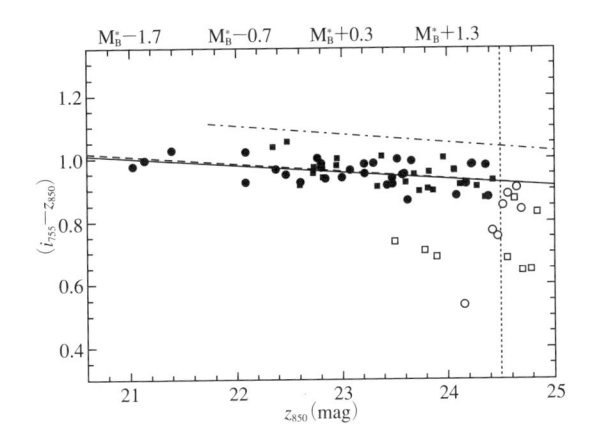

図7・7 遠方銀河団中の銀河の色等級図の例．この図で z_{850} とあるのは，850 nm を中心とする帯域の z という名のバンドということであって，赤方偏移の z とは関係ない．J.P. ブラッキスリーらによる，赤方偏移 1.24 にある RDCS 1252.9-2927 という銀河団での観測より（Blakeslee J.P. et al. 2003 ApJ 596, L143, fig.2）．

成が不活発だとガスが豊富に残り，収縮して回転円盤を発達させていき，これが渦巻銀河になっていくだろう．渦巻銀河同士が衝突合体し，回転が相殺する場合は楕円銀河に姿を変えるだろう．また，初期の頃の星形成がさらに不活発だと，最近になって星形成が活発になってきた矮小不規則銀河として姿を現しているのかもしれない．G. カウフマンは2003年，SDSS（スローン・デジタル・スカイ・サーベイ）で得られた12万個以上の銀河のスペクトルを基に，小質量銀河の方が含まれている星の平均年齢が若く，表面輝度が低く，星形成の進化が進んでいないこと，またそれは，数百億太陽質量を境に二分的であることを示した．

　遠方の銀河は，集合としては近傍の銀河の過去の姿といっていいだろう．しかし，近傍銀河個々の過去の姿ではない．その問題に取り組むためには，それぞれの銀河個々の星を見ていくしかない．もし星に分解することが可能なら，色等級図を描くことができる．そうすると，図2・13と同じ方法で銀河の星形成史が論じることができる．これは局部銀河群内の矮小スフェロイダル銀河を中心に適用例が増えてきている．有本信雄らの研究グループが，すばる望遠鏡

を使って成果を上げている．今後，より超大口径の望遠鏡，あるいは，次世代スペース望遠鏡による超高空間分解能の撮像が可能になれば，対象となる銀河が増えてくるだろう．恒星分離が困難であれば，スペクトルの成分分解でもある程度の星形成史を探ることができる．もっとも，一意性のある解を求めることに困難がある．

7.3 注目の天体たち

初期宇宙での銀河の姿のいくつかは，すばる望遠鏡などの活躍で明らかになってきている．全体像が明らかになるのはもう少し先になるだろうが，注目天体のいくつかを簡単に紹介していこう．

遠方銀河を探し当てるために，いろいろ工夫が必要である．星形成の活発な銀河では，多くの輝線が出ている．一番強度が大きいのは，ライマン α と呼ばれる，水素の輝線である．静止系可視光領域ではバルマー系列の輝線が強いのであるが，ライマン系列の輝線は静止系紫外線領域にある．高赤方偏移天体では，ライマン系列の輝線が都合よく観測系可視光領域に入ってくる．ライマン系列の中で一番強度の強いライマン α を狙った狭帯域フィルターで深い撮像を行うと，かすかなしみとして，**ライマン α 輝線天体**（LAE; Lyman Alpha Emitter）が見つかる．現在，赤方偏移 7 の世界まで届いている．ライマン α 輝線天体のうち，明るいものの極限が，**ライマン α ブロッブ**（LAB; Lyman Alpha Blob）と呼ばれる天体ではないかと考えられている．ライマン α ブロッブは，数 10 万光年のサイズをもっている．

銀河の連続スペクトル成分の強度が，ある波長を境に階段状になっているのを利用して高赤方偏移天体をみつける方法がある．静止系波長 1215 オングストロームのライマン α 輝線より短波長側は，連続スペクトルの強度が極端に下がる．いくつかの帯域のフィルターで深い撮像を行い，ある短い波長帯域で天体が写らないものを探し当てたら，それは赤方偏移した 1215 オングストロームの前後をはさんだ，**ライマン・ブレイク銀河**（LBG; Lyman Break Galaxy）を探し当てたことになる．高赤方偏移天体のスペクトルでは，1215 オングストロームより短波長側に，**ライマン α の森**（LAF; Lyman Alpha Forest）と呼ばれる多数の吸収線が入っている．ライマン α 線は，水素の基底状態の 1 つ上の

7.3 注目の天体たち

励起状態から基底状態の間の遷移によるもので，基底状態にある水素はライマンα線を大変よく吸収する．ある高赤方偏移天体から放射された1215オングストロームより短波長の光は，我々に届く途中，どこかの水素ガス雲（基底状態にあるH I ガス）に遭遇するだろう．そのとき，赤方偏移によって1215オングストロームとなった光が吸収される．そこで1つの吸収線を刻みこむ．別の赤方偏移では，別の吸収線が刻みこまれる．このように1215オングストロームより短波長の光は我々に届く前に，いろいろな赤方偏移で水素ガス雲に遭遇し，多くの吸収線，すなわちライマンαの森を形成し，連続スペクトル部分はかなり吸収されてしまう．これがライマンαのドロップを生む原因である．なお，途中の水素ガス雲が大きな柱密度をもつようなものなら，太くて裾野を引くような強い吸収線を作る．この母天体は，**ダンプト・ライマンα吸収線天体**（DLA; Damped Lyman alpha Absorption system）と呼ばれ，ガス・リッチな銀河であろうと思われる．

なお，ライマン・リミットと呼ばれる，静止系波長912オングストロームより短波長での連続スペクトルの不連続も存在するが，すでに1215オングストロームより短波長側で強度がかなり落ちている．一般に，連続スペクトルの強度の変化を利用し，いくつかのバンドで撮像し，それぞれのバンドで写る写らないから天体を選ぶ方法をドロップ・アウト法と呼ぶ．写るか写らないか，ほど極端でなくても，写りの良し悪しの差を見るなら，カラー・セレクション法になる．違うバンドでの写りの違いは，カラー（色）として扱うからこの名が付いている．

ライマンα輝線天体，ライマンαブロッブ，ライマン・ブレイク銀河は，いずれも高い星形成活動を示していることが報告されていて，形成途中にある銀河ではないかと考えられている．赤外線と電波の中間に位置するサブミリ波と呼ばれる波長域での観測も，盛んである．活発な星形成銀河では，星形成領域がダストを豊富に含んだガスに包まれ，強く赤外線放射をする銀河になる．銀河からの赤外線放射が赤方偏移すると，サブミリ波の放射として観測される．遠方にあるから暗くなることと，赤方偏移の結果，赤外線での放射が観測波長域に入って明るく見えてくることがうまく相殺し，サブミリ波では，遠方にある，活発な星形成銀河をとらえることに適している．この**サブミリ波銀河**

（SMG; Sub-Millimeter Galaxy）は，ライマン輝線を利用して見つけている諸天体と関連があることも報告されている．

　すばる望遠鏡は，カラー・セレクション法から，**極赤銀河**（ERO; Extremely Red Object, DRG; Distant Red Galaxy）と呼ばれる新種の天体の観測でも成果をあげている．一部は，ダストによる吸収が極端に効いている星形成銀河かもしれないだろうし，また一部は，激しい星形成期を終えて消極的進化期に入った銀河なのかもしれない．また，カラー・セレクションから，ある赤方偏移にある普通の銀河（強い輝線や大光度といったバイアスのない集合）をサンプルする方法も考えられている．**BzK銀河**[8]と呼ばれるものがそれである．これは可視光Bバンド（0.44μm）と，近赤外線zバンド（0.9μm），近赤外線Kバンド（2μm）の撮像からカラー・カラー図を作成して赤方偏移が1から3までの銀河を効果的に拾い上げるものである．この中には，高い星形成活動を示すものが見つかっている．

　銀河ではないが，**ガンマ線バースト**（GRB; Gamma-Ray Burst）は，あまりに明るいため，高赤方偏移にあっても観測できる．しかも可視光域でも観測できる．極超新星が原因とされるため，星形成活動を探る天体としても利用できる．

　以上，紹介してきた天体は，形成中の銀河という集合の一部分を切り取って見ているのだと思われる．特殊な観測手法を用いているので，それぞれの手法でとらえることが容易な天体が，それぞれの種類として認識されているだけなのかもしれない．これらの天体をもっと詳しく知るためには，またこれらの天体の相互の関係を追究していくためには，さらに大型の望遠鏡が必要であろう．地上観測では，大気の揺らぎから逃れられないこと，大気吸収によって透過率が悪い波長帯があることから，大気圏外に人工天体を打ち上げ，宇宙空間に天文台をもっていく必要も出てくる．ハッブル宇宙望遠鏡はその1つの成果であったが，日本も大型の宇宙天文台の運用の検討を始めている．比較的近傍の銀河を恒星に分解し，銀河においても星の物理に立脚した天体物理学を行ったり，遠方銀河において，近傍銀河のように銀河内領域に分けて分光観測を行

---

[8] ビー・ズィー・ケイ銀河と音読される．

7.3 注目の天体たち

ったり，赤方偏移 10 を超える世界の銀河を撮像したりすることができるだろう．

ここまでは，銀河単体を見つける話に焦点を絞ったが，遠方宇宙での銀河団，あるいは宇宙の大規模構造がどうなっているかも重要な観点である．構造形成は宇宙の生い立ちの中で育ってきたのであれば，高赤方偏移では銀河団やそのネットワークは見つからない傾向にあるはずだが，すばる望遠鏡による成果の 1 つとして，**高赤方偏移銀河団**が見つかってきている．

銀河研究の最前線は，何も遥か遠方の銀河だけではない．**活動銀河中心核**（AGN; Active Galactic Nucleus）は，現在より過去の方が，活動性が高かったとされている．この種の天体でもっとも光度の高いものは**クェーサー**（QSO）であり，遠方宇宙で多く見つかる．一方，近傍でも見つかる**超大光度赤外線銀河**（ULIRG; Ultra-Luminous InfraRed Galaxy）との関連が研究されている．AGN は母銀河の星形成活動へのフィードバックで，またバルジの成長と共進化で重要な存在である．AGN 自身や AGN と母銀河の相互作用を近傍銀河で詳細に観測研究することも，宇宙論的銀河進化の研究に貢献するだろう．

また，最近になって銀河の星の系をしっかり作り始めたという **BCD 銀河**は，ある面で原始銀河的である．近傍にもいくつかあり，その銀河の中を詳細に観測することができる．ガスが豊富で，まだ星形成の歴史が浅く，重元素量が少ない，そのような環境であれば，もっと近傍にもある．それは**銀河円盤部の外縁部**である．ハロー部では，過去に合体した矮小銀河の痕跡や，思わぬところまで広がった星形成領域も発見されている．また，銀河系では，銀河形成初期の時代の種族 III の生き残り天体を捜査するなど，至近距離にあるがゆえに，逆に宇宙論的銀河進化の研究課題がつまっている．

最後に，銀河研究に限らないが観測天文学が進んでくると，超大型装置が必要になってくる．本章は，期せずしてアルファベット 3 文字からなる略称がた

[9)] 天文学がアルファベットで覆い尽くされているのではないかと心配している人のために，「ヒミコ」を紹介しよう．大型のライマン α ブロッブを，2009 年に大内正己らが発見し，ヒミコと名付けた．天文学では，他にも日本人ならではの遊びを込めた名がある．ニュースでぜひ注目してほしい．

くさん出てきてしまった[9]．もう1つ出しておこう．現在，次世代の超々大型望遠鏡が国際協力のもと，検討されている．その1つが口径30 mの望遠鏡（TMT; Thirty Meter Telescope）である．国ごとに競争すると同時に，人類共通の知的財産を増やすために世界が協力するしかない．なぜなら，莫大な資金の調達が問題になってくるからである．知的財産として世界の人々に有効に還元されるために，研究者が宇宙研究の最先端を生き生きと伝えていくこともこれまで以上に重要になってくるであろう．世界の人たちと共に，宇宙を見上げる全ての人と連帯して，活きている銀河の生い立ちを知るための探検の楽しみを共有しようではないか．

● COLUMN7 ●

研究発表での大間違い

　研究結果を発表したものの大間違いだった，ということは時々ある．実は私にもある．

　私はある時，スターバースト銀河団というものを発見したと報告した．銀河団には楕円銀河やS0銀河が多く，それらはガス欠のため，スターバーストを起こす能力はない．したがってスターバースト銀河団とは常識破りのことである．世の中，例外というものがあるから，これは何かの特例的なことだろう，その原因を探れば，スターバーストについて，また銀河団環境下の銀河進化について，いろいろわかるだろうと考えた．私は多くの研究者たちと共同研究を組み，まず，その銀河のスターバーストの性質を探るための観測を進めていった．しかし，どうもおかしい．よく観測すると，対象にした銀河にスターバーストが見られないのである．最初，あるデータを基にして，スターバーストを起こしていると判断したのだが，どうも，その判断が間違っていたらしい．しかもその後，そのデータそのものが間違っていたということも判明した．

　これは大変だ．スターバースト銀河団の観測という課題で，いろいろな天文台で観測時間を得たし，さまざまな研究会で発表もした．たくさんの人と共同研究を組んでしまった．いまさら間違いでした，と言えるか…

　基にしたデータは，すでに公表されていた別の研究者によるデータだった．私はそのデータを信用して，ある解釈のもと，研究を進めていった．ここは，ことの次第を丁寧に報告するしかないと決断し，スターバースト銀河団はなかった，という論文発表をした．また，基にしたデータの間違いと，そのデータからの判断の間違いがあったと学会発表をした．すごいものをつかんだと思ったが，間違いだった．時々あることだろうが，さすがに私は元気をなくしていた．

　学会発表を終えて降壇し，会場から出て廊下で背伸びをしていたら，ある先生が駆け寄ってきてくれた．

「よく，間違いだった，と発表したな」
「共同研究者，そして天文台の共同利用への，私なりのお返事です」
「私は評価したい．間違いなら間違いだ，しかしよく発表した」
その先生はその後，その会場に戻られた．

　私は「私は評価したい」の言葉に励まされた．随分あと，ある天文台の会議で，偶然にもその先生と席が隣になった．
「あの時，評価したい，と言って下さったことを今でも感謝しています」
「え，そんなこと言ったっけ？何のこと？」
　その先生は，きっとたくさんの「私は評価したい」を多くの人に伝えていらっしゃるのだろう．そのうちの1つが私へのものだったのだろう．私にとってはとても大きな一言だった．

　ところで，もし「このまま逃げ切った方がいいのではないか」と考えていたらどうなっていただろうか．間違いを隠すために，今度は積極的に嘘をつかないといけない．それを隠すために，また別の嘘を用意しないといけない．きっと研究捏造はこうやって，いつでも，誰にでも始まりうると思っている．最初から悪意をもってということは，ほとんどないだろう．研究成果はみんなの共有物として練り上げていくものだから，間違いなら間違いと言えば良い．何も失うものはないのだが，「間違いでした」と発表するのは，やはり勇気のいるものである．

著者の近影．和歌山大学屋上の口径 60 cm 望遠鏡ドームにて（2010 年 6 月）

主な銀河リスト

(1) メシエ番号	(2) NGC番号	(3) 形態	(4) T指標	(5) 星座	(6) 赤経（2000）	(7) 赤緯（2000）
M 31	NGC 224	SA（s）b	3A	アンドロメダ	00h42m44.3s	+41d16m08s
M 32	NGC 221	cE2	−5	アンドロメダ	00h42m41.8s	+40d51m55s
M 33	NGC 598	SA（s）cd	6A	さんかく	01h33m50.9s	+30d39m37s
M 49	NGC 4472	E2/S0	−5	おとめ	12h29m46.8s	+08d00m02s
M 51a	NGC 5194	SA（s）bc	4AP	りょうけん	13h29m52.7s	+47d11m43s
M 51b	NGC 5195	SB0	13 P	りょうけん	13h29m59.6s	+47d15m58s
M 58	NGC 4579	SAB（rs）b	3X	おとめ	12h37m43.5s	+11d49m05s
M 59	NGC 4621	E5	−5	おとめ	12h42m02.3s	+11d38m49s
M 60	NGC 4649	E2	−5	おとめ	12h43m40.0s	+11d33m10s
M 61	NGC 4303	SAB（rs）bc	4X	おとめ	12h21m54.9s	+04d28m25s
M 63	NGC 5055	SA（rs）bc	4A	りょうけん	13h15m49.3s	+42d01m45s
M 64	NGC 4826	(R) SA（rs）ab	2A	かみのけ	12h56m43.7s	+21d40m58s
M 65	NGC 3623	SAB（rs）a	1X	しし	11h18m56.0s	+13d05m32s
M 66	NGC 3627	SAB（s）b	3X	しし	11h20m15.0s	+12d59m30s
M 74	NGC 628	SA（s）c	5A	うお	01h36m41.8s	+15d47m01s
M 77	NGC 1068	(R) SA（rs）b	3A	くじら	02h42m40.7s	−00d00m48s
M 81	NGC 3031	SA（s）ab	2A	おおぐま	09h55m33.2s	+69d03m55s
M 82	NGC 3034	I0	13 P	おおぐま	09h55m52.7s	+69d40m46s
M 83	NGC 5236	SAB（s）c	5X	うみへび	13h37m01.0s	−29d51m56s
M 84	NGC 4374	E1	−5	おとめ	12h25m03.7s	+12d53m13s
M 85	NGC 4382	SA（s）0	−2AP	かみのけ	12h25m24.1s	+18d11m28s
M 86	NGC 4406	S0/E3	−5	おとめ	12h26m11.7s	+12d56m46s
M 87	NGC 4486	E0−1, cD	−5 P	おとめ	12h30m49.4s	+12d23m28s
M 88	NGC 4501	SA（rs）b	3A	かみのけ	12h31m59.2s	+14d25m14s
M 89	NGC 4552	E0−1	−5	おとめ	12h35m39.8s	+12d33m23s
M 90	NGC 4569	SAB（rs）ab	2X	おとめ	12h36m49.8s	+13d09m46s
M 91	NGC 4548	SBb（rs）	3B	かみのけ	12h35m26.4s	+14d29m47s
M 94	NGC 4736	(R) SA（r）ab	2A	りょうけん	12h50m53.1s	+41d07m14s
M 95	NGC 3351	SB（r）b	3B	しし	10h43m57.0s	+11d42m14s
M 96	NGC 3368	SAB（rs）ab	2X	しし	10h46m45.7s	+11d49m12s
M 98	NGC 4192	SAB（s）ab	2X	かみのけ	12h13m48.3s	+14d54m01s
M 99	NGC 4254	SA（s）c	5A	かみのけ	12h18m49.6s	+14d24m59s
M 100	NGC 4321	SAB（s）bc	4X	かみのけ	12h22m54.9s	+15d49m21s
M 101	NGC 5457	SAB（rs）cd	6X	おおぐま	14h03m12.6s	+54d20m57s
M 104	NGC 4594	SA（s）a	1AP	おとめ	12h39m59.4s	−11d37m23s
M 105	NGC 3379	E1	−5	しし	10h47m49.6s	+12d34m54s
M 106	NGC 4258	SAB（s）bc	4X	りょうけん	12h18m57.5s	+47d18m14s
M 108	NGC 3556	SB（s）cd	6B	おおぐま	11h11m31.0s	+55d40m27s
M 109	NGC 3992	SB（rs）bc	4B	おおぐま	11h57m36.0s	+53d22m28s
M 110	NGC 205	E5	−5 P	アンドロメダ	00h40m22.1s	+41d41m07s

(1) メシエ番号	(8) 活動銀河中心核	(9) 長径 arcmin	(10) 短径 arcmin	(13) m_{FUV} AB mag	(14) m_{NUV} AB mag	(15) log L_{FUV} 太陽光度	(16) B_T mag	(17) log L_B 太陽光度	(18) M_B mag
M 31		190	60	8.83	8.00	8.5	4.36	9.9	−19.9
M 32		8.7	6.5	15.84	13.86	5.7	9.03	8.0	−15.2
M 33		70.8	41.7	8.32	8.12	8.7	6.27	9.1	−18.0
M 49	セイファート 2 型	10.2	8.3				9.37	10.6	−21.8
M 51a	セイファート 2 型	11.2	6.9	11.17	10.64	9.7	8.96	10.1	−20.5
M 51b		5.8	4.6	15.36	14.18	8.1	10.45	9.7	−19.4
M 58	ライナー	5.9	4.7	14.80	14.02	8.9	10.48	10.2	−20.6
M 59		5.4	3.7				10.57	10.2	−20.6
M 60		7.4	6.0				9.81	10.5	−21.3
M 61	セイファート 2 型	6.5	5.8	12.25	11.93	9.8	10.18	10.2	−20.7
M 63		12.6	7.2	12.55	12.03	9.0	9.31	9.9	−20.0
M 64	セイファート	10.0	5.4	13.82	12.80	8.0	9.36	9.4	−18.7
M 65		9.8	2.9				10.25	9.6	−19.1
M 66	ライナー	9.1	4.2	12.95	12.20	8.8	9.65	9.7	−19.4
M 74		10.5	9.5	12.25	11.97	9.4	9.95	9.9	−20.0
M 77	セイファート 1 型	7.1	6.0	12.79	12.22	9.5	9.61	10.4	−21.2
M 81	ライナー	26.9	14.1	11.40	11.02	8.1	7.89	9.1	−17.8
M 82	スターバースト	11.2	4.3	13.39	12.59	8.4	9.30	9.7	−19.3
M 83	スターバースト	12.9	11.5	10.62	10.04	9.4	8.20	10.0	−20.2
M 84	セイファート 2 型	6.5	5.6	15.92	14.64	8.4	10.09	10.4	−21.0
M 85		7.1	5.5				10.00	10.4	−21.1
M 86		8.9	5.8	15.62	14.32	8.6	9.83	10.5	−21.3
M 87	ライナー, 強い電波源	8.3	6.6	14.57	13.98	9.0	9.59	10.6	−21.5
M 88	セイファート 2 型	6.9	3.7				10.36	10.2	−20.8
M 89	セイファート 2 型	5.1	4.7	16.03	15.06	8.4	10.73	10.1	−20.4
M 90	セイファート	9.5	4.4	14.82	13.54	8.9	10.26	10.3	−20.9
M 91	ライナー	5.4	4.3				10.96	10.0	−20.2
M 94	セイファート	11.2	9.1	11.97	11.63	8.8	8.99	9.6	−19.2
M 95	スターバースト	3.1	2.9	13.50	12.97	8.8	10.53	9.5	−19.0
M 96		7.6	5.2	14.23	13.59	8.5	10.11	9.7	−19.4
M 98	ライナー	9.8	2.8		13.73		10.95	10.0	−20.2
M 99		5.4	4.7		12.25		10.44	10.2	−20.7
M 100		7.4	6.3		12.28		10.05	10.4	−21.1
M 101		28.8	26.9	10.05	9.88	9.8	8.31	10.1	−20.4
M 104	ライナー	8.7	3.5	14.94	13.69	9.0	8.98	11.0	−22.5
M 105		5.4	4.8				10.24	9.7	−19.3
M 106	セイファート 2 型	18.6	7.2		11.58		9.10	10.0	−20.1
M 108		8.7	2.2				10.69	10.0	−20.1
M 109		7.6	4.7				10.60	10.2	−20.6
M 110		21.9	11.0	14.54	12.47	6.2	8.92	8.1	−15.3

(1) メシエ番号	(19) $(U-B)_T$ mag	(20) $(B-V)_T$ mag	(21) J_{tot} mag	(23) K_{tot} mag	(24) $\log L_K$ 太陽光度	(25) f_{60} Jy	(26) f_{100} Jy	(27) $\log L_{FIR}$ 太陽光度	(28) m_{21} mag
M 31	0.50	0.92	2.094	0.984	9.8	536.18	2928.40	8.9	6.15
M 32	0.48	0.95	6.277	5.095	8.1	<0.085	<1.412	<5.5	
M 33	−0.10	0.55	5.039	4.102	8.5	419.65	1256.43	8.7	7.18
M 49	0.55	0.96	6.273	5.396	10.8	<0.065	<0.106	<7.5	14.47
M 51a		0.60	6.401	5.496	10.0	97.42	221.21	10.0	11.58
M 51b	0.31	0.90	7.210	6.251	9.9	15.22	31.33	9.4	
M 58	0.32	0.82	7.372	6.486	10.3	5.93	21.39	9.6	14.95
M 59	0.48	0.94	7.648	6.746	10.2	<0.050	<0.094	<7.4	
M 60		0.97	6.670	5.739	10.6	0.780	1.090	8.5	
M 61	−0.11	0.53	7.734	6.843	10.1	37.27	78.74	10.2	12.23
M 63		0.72	6.569	5.608	9.9	40.00	139.82	9.7	10.91
M 64	0.41	0.84	6.267	5.330	9.6	36.70	81.65	9.1	13.31
M 65	0.45	0.92	6.989	6.066	9.8	2.99	15.27	8.7	14.20
M 66	0.20	0.73	6.835	5.881	9.7	66.31	136.56	9.7	13.42
M 74		0.56	7.629	6.845	9.7	21.54	54.45	9.6	10.77
M 77	0.09	0.74	6.966	5.788	10.5	196.37	257.37	10.8	13.62
M 81		0.95	4.760	3.831	9.2	44.73	174.02	8.3	9.99
M 82	0.31	0.89	5.841	4.665	10.0	1480.42	1373.69	10.7	11.54
M 83	0.03	0.66	5.538	4.619	10.0	265.84	524.09	10.0	9.60
M 84	0.53	0.98	7.124	6.222	10.4	0.500	1.160	8.4	13.80
M 85	0.42	0.89	7.059	6.145	10.5	0.150	<0.076	<7.7	
M 86	0.49	0.93	7.007	6.103	10.5	0.110	0.330	7.8	
M 87	0.57	0.96	6.719	5.812	10.6	0.390	0.410	8.2	
M 88	0.24	0.73	7.211	6.267	10.4	19.68	62.97	10.1	13.38
M 89	0.56	0.98	7.619	6.728	10.2	0.160	0.530	8.0	
M 90	0.30	0.72	7.503	6.581	10.3	9.80	26.56	9.8	15.00
M 91	0.29	0.81	8.010	7.115	10.1	1.465	9.440	9.2	14.75
M 94	0.16	0.75	6.026	5.106	9.7	71.54	120.69	9.3	12.55
M 95	0.18	0.80	7.574	6.665	9.6	19.66	41.10	9.4	12.96
M 96	0.31	0.86	7.236	6.320	9.7	10.51	31.63	9.2	12.77
M 98	0.30	0.81	7.823	6.888	10.2	8.14	24.31	9.7	12.67
M 99	0.01	0.57	7.890	6.929	10.1	37.46	91.86	10.3	12.36
M 100	−0.01	0.70	7.459	6.589	10.3	26.00	68.37	10.2	12.92
M 101		0.45	6.517	5.512	9.7	88.04	252.84	9.7	9.35
M 104	0.53	0.98	5.886	4.962	11.1	4.26	22.86	9.7	14.46
M 105	0.53	0.96	7.168	6.270	9.8	<0.041	<0.109	<6.7	
M 106		0.69	6.375	5.464	9.9	21.60	78.39	9.4	10.76
M 108	0.07	0.66	8.021	7.041	9.9	32.55	76.90	10.1	11.79
M 109	0.20	0.77	7.848	6.937	10.1	1.123	10.35	9.2	12.75
M 110		0.85	6.449	5.587	7.9	0.550	3.520	6.0	16.22

(1) メシエ番号	(29) $\log M_{HI}$ 太陽質量	(30) $\log M_{tot}$ 太陽質量	(31) 距離 Mpc	(32) SGX Mpc	(33) SGY Mpc	(34) SGZ Mpc	(35) 別名
M 31	9.57	11.37	0.7	0.6	−0.3	0.2	Andromeda Galaxy, Great Spiral
M 32			0.7	0.6	−0.3	0.2	
M 33	9.15	10.10	0.7	0.6	−0.4	0.0	Triangulum Galaxy, Pinwheel Galaxy
M 49	9.00		16.8	−4.9	16.0	−1.1	
M 51a	9.48		7.7	2.4	7.0	2.3	Whirlpool Galaxy, Question Mark Galaxy, Rosse's Galaxy(ロス卿の銀河), 子持ち銀河
M 51b			9.3	2.9	8.4	2.8	
M 58	8.81	11.44	16.8	−4.0	16.3	−0.3	
M 59			16.8	−4.2	16.3	0.0	
M 60			16.8	−4.2	16.3	0.1	
M 61	9.81		15.2	−5.1	14.2	−1.8	
M 63	9.69	11.15	7.2	1.7	6.8	1.8	Sunflower Galaxy
M 64	8.24		4.1	−0.4	4.1	0.4	Black Eye Galaxy, Evil Eye Galaxy
M 65	8.38	10.93	7.3	−0.8	6.9	−2.3	
M 66	8.61	10.74	6.6	−0.7	6.2	−2.1	
M 74	10.00		9.7	6.8	−6.9	−0.9	
M 77	9.20		14.4	7.3	−10.7	−6.3	
M 81	8.63	10.73	1.4	1.1	0.9	0.0	Bode's Galaxy (ボーデの銀河)
M 82	9.15		5.2	3.9	3.4	0.1	Cigar Galaxy
M 83	9.84		4.7	−4.0	2.5	0.1	
M 84	9.27		16.8	−3.5	16.4	−1.0	
M 85			16.8	−2.0	16.7	−0.6	
M 86			16.8	−3.5	16.4	−1.0	
M 87			16.8	−3.7	16.4	−0.7	Virgo A
M 88	9.43	11.37	16.8	−3.2	16.5	−0.4	
M 89			16.8	−3.8	16.4	−0.3	
M 90	8.79		16.8	−3.7	16.4	−0.2	
M 91	8.89	10.94	16.8	−3.3	16.5	−0.2	
M 94	8.58	10.78	4.3	1.0	4.1	0.7	
M 95	8.97	10.64	8.1	−0.5	7.2	−3.7	
M 96	9.04	10.89	8.1	−0.5	7.2	−3.6	
M 98	9.72	11.24	16.8	−2.7	16.5	−1.6	
M 99	9.84	11.11	16.8	−2.9	16.5	−1.3	
M 100	9.62	11.23	16.8	−2.6	16.6	−0.9	
M 101	10.06		5.4	2.2	4.5	2.1	Pinwheel Galaxy
M 104	9.15		20.0	−11.9	15.9	−2.3	Sombrero Galaxy
M 105			8.1	−0.5	7.3	−3.5	
M 106	9.70	11.17	6.8	2.5	6.3	0.7	
M 108	9.92	10.78	14.1	7.7	11.8	−0.2	
M 109	9.70	11.40	17.0	8.0	15.0	1.3	
M 110	5.54		0.7	0.6	−0.3	0.2	

(1) (2) メシエ番号，NGC 番号

M 51 は「親」の NGC 5194（M 51a）と「子」の NGC 5195（M 51b）に分けてデータを記載した．M 91 は欠番とする説があるが，ここでは NGC 4548 であるとして M 91 を扱った．M 102 は M 101 の重複とする説をとり，ここでは M 102 を欠番とした．M 102 は M 101 と別に，NGC 5866 であるという説もある．M 110 は非公式扱いであるが，ここでは NGC 205 として M 110 を扱った．

(3) (4) 形態，T 指標

(3) は NED から引用した．ここで (R) は円盤部外側のリング構造をもつもの，(r) (s) (rs) はバルジのすぐ外側の腕の形態で，それぞれ，リング状，渦巻状，その中間を表す．M 32 の cE は，コンパクトな楕円銀河という意味．(4) は NBGC から引用した．13 は特異形態に対して当てたもの，P を添えたものは特異性のあるもの．A, B, X は棒構造なし，あり，その中間の意味．

NBGC ＝ Nearby Galaxies Catalogue, by Tully R.B. 1988, Cambridge University Press

(5) (6) (7) 星座，赤経，赤緯

(6) (7) は NED から引用した．

(5) は (6) (7) の値をもとに，筆者が星図で確認したもの．

(8) 活動銀河中心核

(8) は NED データと，A catalogue of quasars and active nuclei: 13th edition, by Véron-Cetty M.P., Véron P. 2010 A&A in press 記載内容からまとめた．前者からはスターバーストの記述のあるものを取り上げ，後者からはセイファート銀河の記述のあるものを取り上げた（S1 はセイファート 1 型，S2 はセイファート 2 型，S3 はライナー（低電離中心核輝線領域），S はセイファート（型番号不詳）と記した）．スターバースト現象とモンスター起源のセイファート現象は同居することがある．また両者は観測的に見分けが難しい．ここに記したのは，活動性が目立つもの，と解釈すべきである．銀河中心核活動を検出する精度を上げる，空間分解能を上げて銀河中心核を観測する，可視光だけでなく，赤外線，電波，X 線など他の波長域の電磁波で観測するということをすれば，ほぼすべての銀河で何らかの活動性を見ることができる．活動銀河中心核や，そこからのジェット，さらには拡散するジェットは電波源としても観測される．ここには含めていないが，電波，そして X 線のデータからも活動銀河中心核に関する重要な情報が得られる．X 線では，降着円盤に関する高温度の現象が観測される．このリストでは，銀河中心核として M 51, M 82, M 77 が強い X 線源であり，M 31 では銀河内に散在する，降着円盤をもつ連星系が X 線源として観測される．電波放射は低温度を意味するばかりではない．高エネルギー電子と強い磁場の相互作用から放射される，非熱的電波が活発に出ると，強い電波源になる．このリストでは M 87 が強い電波源である（おとめ座 A，その星座で最も強い電波源に A という名称を与えている）．中心核から激しいジェットも出ており，それは電波でだけでなく，可視光でも撮像されている．

(9) (10) 見かけの長径，短径

(9) (10) は NED から引用した．いずれも arcmin（分角）の単位．RC3 による，B バンド表面輝度で 25 等級の等輝度線の楕円フィットがもとになっている．M 87 のような cD 銀河は非常に広がったハローをもち，それを含めるともっと大きな広がりとなる．

RC3 ＝ Third Reference Catalogue of Bright Galaxies, by de Vaucouleurs G., de Vaucouleurs A., Corwin H.G., Buta R.J., Paturel G., Fouque P. 1991, Springer-Verlag

および Corwin H.G., Buta R.J., de Vaucouleurs G. 1994 AJ 108, 2128: Corrections and Additions to the Third Reference Catalogue of Bright Galaxies

(11) 実直径

(9) の見かけの長径 (R) と，(31) の距離 (D) から，d [kpc] $=0.291 \times R$ [arcmin] $\times D$ [Mpc] として計算した．

165

（12）後退速度

（12）は NED から引用した．太陽からの値（地球からの後退速度に，地球の自転と公転の影響を取り除いたもの；heliocentric radial velocity）．

（13）（14）（15）紫外線フラックスと光度

（13）（14）は NED から引用した．紫外線天文衛星 GALEX による，遠紫外線（far UV），近紫外線（near UV）の広帯域（有効波長はそれぞれ，1516, 2267Å）で，測光したもの．成長曲線法によって銀河の全等級を求め，AB 等級で表現したもの．

そのデータの出典：Gil de Paz A. et al. 2007 ApJS 173, 185: The GALEX ultraviolet atlas of nearby galaxies

（15）の計算について，AB 等級（0 等級は定義により 3631 [Jy]）からエネルギー単位へは νf_ν の計算を行い，距離については（31）の値から，太陽光度を 3.85×10^{26} [W m^{-2}] として，$\log L_{\rm FUV} [L_\odot] = 12.3492 - 0.4\, m_{\rm FUV}$ [mag] $+ 2\log D$ [Mpc] から求めた．なお，Jy はジャンスキーと読む；$1\,{\rm Jy} = 10^{-26}\,{\rm W\,m^{-2}\,Hz^{-1}}$．

（16）（17）（18）（19）（20）可視光フラックスと光度

（16）（19）（20）は NED から引用した．RC3 記載の値で，成長曲線法で銀河の全等級を求め，AB 等級ではなく，Vega 等級で表現したもの．U, B, V バンドの有効波長は，それぞれ 3562, 4448, 5505Å，0 等級は，それぞれ 1860, 4180, 3680 [Jy]．M 64 は，RC3 から $U_{\rm T}$ の値が与えられいないが，Gavazzi G., Boselli A. 1996 Astrophysical Letters and Communications, 35, 1 で $U_{\rm T(25)}$ の値が与えられており，これを採用した．

（17）の計算について，等級からエネルギー単位へは νf_ν の計算を行い，B バンド 0 等級は 4180 [Jy] とし，距離については（31）の値から，太陽光度を 3.85×10^{26} [W m^{-2}] として，$\log L_{\rm B} [L_\odot] = 11.9423 - 0.4\, m_{\rm B}$ [mag] $+2\log D$ [Mpc] から求めた．

（18）の計算について，（16）で与えられた見かけの等級と，（31）で与えられた距離から求めた．B バンドでの太陽の絶対等級 5.47 から換算すると，銀河の B バンド絶対等級が太陽の値の何倍か計算できる．この値は（16）で示した値と若干違う．光度の定義法が違うからである．

（21）（22）（23）（24）近赤外線フラックスと光度

（21）（22）（23）は NED から引用した．2MASS サーベイによる，$J, H, K_{\rm s}$ 広帯域（有効波長はそれぞれ，1.235, 1.662, 2.159 μm）で，測光したもの．成長曲線法で銀河の全等級を求め，AB 等級ではなく，Vega 等級で表現したもの．

そのデータの出典：Jarrett T.H. et al. 2003 AJ 125, 525: The 2MASS Large Galaxy Atlas

（24）の計算について，等級からエネルギー単位へは νf_ν の計算を行い，K バンド 0 等級は 666.7 [Jy] とし，距離については（31）の値から，太陽光度を 3.85×10^{26} [W m^{-2}] として，$\log L_{\rm K} [L_\odot] = 10.4590 - 0.4\, m_{\rm K}$ [mag] $+2\log D$ [Mpc] から求めた．セイファート銀河核を宿す M 77 と，スターバースト銀河核を宿す M 81 が高い赤外線光度をもつことがわかる．

（25）（26）（27）遠赤外線フラックスと光度

（25）（26）は赤外線天文衛星 IRAS の 60 μm, 100 μm の広帯域で測光したもの．単位はジャンスキー．NED から引用した．その際，4 種類の出典を使い分けた．出典は優先度の高いものから，以下に示した「Bright」「Large」「PrivC」「FSC」である．

Bright: Sanders D.B. et al. 2003 AJ 126, 1607: The IRAS revised bright galaxy sample

Large: Rice W. et al. 1988 ApJS 68, 91: A catalog of IRAS observations of large optical galaxies

PrivC: Knapp J. 1994 Private Communication; corredted file of data from: Knapp G.P. et al. 1989 ApJS 70, 329: Interstellar matter in early-type galaxies. I. IRAS flux densities

FSC: IRAF faint source catalog, Moshir M. et al. 1990.

（27）は（25）（26）の値を使って 42.5 − 122.5 μm での遠赤外線フラックス $f_{\rm FIR}$ に換算し，距離については（31）の値から，太陽光度を 3.85×10^{26} [W m^{-2}] として求めた．

$\log f_{\text{FIR}}$ $[\text{W m}^{-2}] = -13.90 + \log(2.58 \times f_{60} \, [\text{Jy}] + f_{100} \, [\text{Jy}])$; $\log L_{\text{FIR}} \, [L_\odot] = 19.4925 + \log f_{\text{FIR}} \, [\text{W m}^{-2}] + 2\log D \, [\text{Mpc}]$

(28) (29) 中性水素原子21cm輝線フラックスと中性水素原子ガス質量

(28) は NED に掲載されいている RC3 記載の H I magnitude: $m_{21} = -2.5\log(0.2366 \times f_{\text{HI}}) + 15.84$; f_{HI} は 21cm 線フラックス $[\text{Jy km s}^{-1}]$.

(29) はそれを H I mass に換算したもの. $M_{\text{HI}} = 2.36 \times 10^5 D \, [\text{Mpc}]^2 f_{\text{HI}} \, [\text{Jy km s}^{-1}]$ から, $\log M_{\text{HI}} \, [M_\odot] = 12.335 - 0.4 \, m_{21} + 2\log D \, [\text{Mpc}]$; 距離 ($D$) は, (31) で与えられているものを使った.

(30) 全質量

(30) は NBGC から引用した. 力学的質量で, ダーク・マターを含んだものである. この質量は, H I 観測による銀河の最大回転速度, 光学観測による銀河の長径 (いずれも NBGC に掲載された値), そして (31) の距離から求めたもの. M 104 に対して NBGC は「3.13」という値を与えている. しかし値が小さ過ぎ, 間違いだろう.

(31) 距離

(31) は NBGC から引用した. そこでは, 属している銀河群, 銀河団までの距離を重視し, 後退速度については, Virgo infall を考慮しつつ, ハッブル定数 $H_0 = 75 \, \text{km s}^{-1} \, \text{Mpc}^{-1}$ で距離へと計算している. おとめ座銀河団までの距離はここでは 16.8 Mpc として与えられている. それに属する銀河には同じ距離が与えられている. M 61 には多少違う値が与えられているが, おとめ座銀河団の一員である.

(32) (33) (34) 超銀河座標での座標値

(32) (33) (34) の SGX, SGY, SGZ 座標値は, NED での超銀河座標での経度 (SGL) 緯度 (SGB) の値と (31) に示した距離の値とから算出した. 銀河系中心までの距離を 8.5 kpc とすると, 銀河系中心は (SGX, SGY, SGZ) = $(-6.25, -0.63, 5.72) \, [\text{kpc}]$ となる. 銀河系中心までの距離を 8 kpc とするなら, この値を 8/8.5 倍すればよい. ここに示した SGX, SGY, SGZ の値は, 太陽位置を原点とした値である. 銀河系中心を原点としてもほとんど値は変わらない. 原点移動したければ, 表に与えた値から上記の銀河系中心の値を減ずればよい. 局部超銀河団の中心にあるおとめ座銀河団は, SGY 軸上の近くにあることもわかる.

(35) 別名

(35) は NED から引用と, 筆者のメモからまとめた. M 101 の愛称, Pinwheel Galaxy は, M 33 に対して使われることもある.

局部銀河群の銀河 (M 31, M 32, M 33, M 110) は, 表 5・1 で示した値と, ここで示した値が違っているところがある. これは元にしたデータが違っているからである. この表の中での統一性を確保するため, 局部銀河群に関しては少し精度の悪いデータになっている.

ここではメシエ番号のついた銀河を取り上げた．子持ち銀河 M 51 を「親」と「子」に分け，合計で 40 銀河のデータを示した．単に名称リストに終わるのではなく，本文で触れた，銀河の性質を知るための様々な数値を集めた．せっかくなので，ここで練習問題を出しておこう．

- 色指数が何種類か与えられている．色指数は，2 つの任意の等級間の差でいつでも定義できる．さて，違う色指数同士の相関はどうだろうか？ また，ある色指数を，別の色指数から推定することはできるだろうか？

- 光度や質量を単位にしたものの相関はどうだろうか？ 光度や質量の任意の 2 つの値の比を取ってみよう．それは，他の何と相関しているだろうか？ 数値化できる指標として，色指数，光度，質量以外に，実直径，形態の T 指標の数値部分がある．

- 口絵には，メシエ番号のついた銀河のカラー写真を掲載した．写真のようすと，この表の数値と，どのように関連しているだろうか？

- 銀河のようすを単に眺めるだけでは面白くない．この限られた情報から，銀河の生い立ちについてどのようなことが推測できるだろうか？ 考えてみてほしい．

- 天文学オンライン・データベースには，たくさんの銀河のデータが収められている．メシエ番号がついていない銀河のデータを取り寄せてみよう．上で調べた相関が強くなるだろうか？ 弱くなるだろうか？ また，電波，X 線のデータも調べてみよう．

参考文献

本書の執筆にあたり，多くの本を参考にした．感謝に堪えない．

文章構成や図版のアイデアを練る上で一番参考にしたのは：
1) 磯部秀三 他 編『宇宙の事典』朝倉書店（2003年）
   この本は，銀河についてかなりのページ数を割いて丁寧に解説してある．また古天文学，アマチュアの活動についてもしっかり扱っており，値が張るがお勧めの一冊である．

数表でよく参考にしたのは：
2) 国立天文台 編『理科年表2009』，丸善（2008年），
3) Arthur N. Cox, "Allen's Astrophysical Quantities 4th edition", Springer, 2000
   2）は年鑑，3）は天文学研究者が最もよく参照する一般的数表．

日本天文学会創立100周年記念出版事業として進められた，シリーズ現代の天文学，全17巻は，本書を読んだ人なら問題なく読みすすめられるだろう．特に以下の3冊を参考にした．
4) 二間瀬敏史・池内了・千葉柾司 編『宇宙論II―宇宙の進化』（シリーズ第3巻）日本評論社（2007年）
5) 谷口義明・岡村定矩・祖父江義明 編『銀河I―銀河と宇宙の階層構造（シリーズ第4巻）』日本評論社（2007年）
6) 祖父江義明・有本信雄・家正則 編『銀河II―銀河系（シリーズ第5巻）』，日本評論社（2007年）

銀河の研究では，恒星を扱った巻，天体観測法を扱った巻をはじめ，幅広い知見が必要である．これから銀河の研究をしようと考えている読者なら，銀河という題がついていなくても，広く天文学の諸分野を修めてほしい．天文学全般を扱いつつ，銀河の記述も充実しているものとして：
7) 岡村定矩 編『天文学への招待』朝倉書店（2001年）

銀河研究者が熱を込めて執筆した以下の本も，大いに参考にした．

8) 谷口義明『銀河の育ち方』地人書館（2002年）
9) 須藤靖『ものの大きさ─自然の階層・宇宙の階層（UT Physics 1）』東京大学出版会（2006年）
10) 嶋作一大『銀河進化の謎─宇宙の果てに何をみるか（UT Physics 4）』東京大学出版会（2008年）

アイデアを練る際，以下の資料集や演習書も参考にした．

11) 大脇直明 他著『天文資料集』，東京大学出版会（1989年）
12) 横尾武夫 編『現代天文学演習 新・宇宙を解く』恒星社（1993年）
13) 海部宣男・吉岡一男『宇宙を読み解く（放送大学教材）』放送大学教育振興会（2009年）

　画像の多くは，DSS（Digitized Sky Survey ディジタイズド・スカイ・サーベイ）のウエブ・サイトを活用した．DSSは宇宙望遠鏡科学研究所（STScI; Space Telescope Science Institute; http://www.stsci.edu/）が運営している．本書でDSS2-Rと記したものは，アメリカにあるパロマー天文台オスチン・シュミット望遠鏡による第2次パロマー天文台サーベイ（POSS-II），またはオーストラリアにあるUKシュミット望遠鏡による第2次南天サーベイ（second epoch southern survey）による赤色帯域画像から，DSS2-Bと記したものは，POSS-IIの青色帯域画像から得たものである．国立天文台がDSSのミラー・サイトをもっている（http://dss.nao.ac.jp/）．国立天文台のサイトでは，DSS Wide-Field（広視野）というサービスも提供している．本書でDSS2-Rの後ろにwideと付記したものは，このサービスを利用して得た画像である．銀河の諸量の調査にはNEDデータベース（NASA/IPAC Extragalactic Database; http://nedwww.ipac.caltech.edu/）を活用した．また論文の図の引用の際は，出典を示した．その場合，著者名，発表年，掲載誌名，巻，最初のページ数という形式を多用した．本文中で使ったものを含め，主要なものを以下に紹介する：

- PASJ：Publications of the Astronomical Society of Japan，日本天文学会の機関誌
- ApJ：The Astrophysical Journal，アメリカ天文学会の機関誌
- AJ：The Astronomical Journal，アメリカ天文学会の機関誌

- A&A：Astronomy and Astrophysics，ヨーロッパ諸国の連合による専門誌
- MNRAS：Monthly Notices of the Royal Astronomical Society，イギリス王立天文協会の機関誌
- PASP：Publications of the Astronomical Society of the Pacific，アメリカの太平洋天文学会の機関誌
- ARA&A：Annual Review of Astronomy and Astrophysics，アニュアル・レビュー社による，天文学・天体物理学の専門誌

 上記の電子版，天文学に関する電子出版の総合サイト ADS（SAO/NASA Astrophysics Data System ; 国立天文台がミラー・サイトを運営している http://ads.nao.ac.jp/）にもお世話になった．

 天文学は研究のための資料がネットワーク上によく整備されている分野の1つである．世界中の天文台から出る生データから論文まで，普通のPCでアクセスできる．

謝　辞

　大阪教育大学の福江純さんには，本書の執筆を勧めて下さったことに感謝したい．本書の原稿は，非常勤でお邪魔している大阪教育大学大学院での夏季集中の授業での，受講生とのやりとりがもとになった．その後，和歌山大学での学部向け授業の中で練り直した．多くの学生に感謝しないといけない．本書のために，資料提供下さった方々すべてにお礼を申し上げる．名古屋大学の竹内努さんと和歌山大学の佐藤奈穂子さんには，原稿への助言で大変お世話になった．他にも，長年の共同研究者から助言をいただいた．研究を続けるには，共同研究者との友情がもっとも大事な環境である，と今は感じている．恒星社厚生閣の片岡一成さん，白石佳織さんには，編集作業で大変お世話になった．白石さんには原稿完成直前まで，私からの細々した注文に対応くださった．原稿執筆から7年もかけてしまい，関係する方すべてに迷惑をかけてしまった．図の清書や文章の点検を含め，いろいろなことで妻に世話になり，感謝にたえない．

富　田　晃　彦

☆著者紹介

富田　晃彦（とみた　あきひこ）

1967年，大阪市に生まれる．1991年，京都大学理学部卒業．1996年，同大学大学院理学研究科博士後期課程（宇宙物理学専攻）を修了，博士（理学）の学位を取得．現在，和歌山大学教育学部教授，和歌山大学宇宙教育研究所所員．専門は，銀河天文学，とくに銀河における星形成についての光学観測研究．また，天文教育を核とした科学教育や幼児教育にも手を広げる．主な著書に，『最新宇宙学 研究者たちの夢と戦い』（裳華房，共著），『宇宙旅行ガイド140億光年の旅』（丸善，共著）など．妻は植物生理生態学の研究者．

版権所有
検印省略

EINSTEIN SERIES volume9
活きている銀河たち
銀河天文学入門

2010年7月30日　初版1刷発行

富田　晃彦　著

発　行　者　片　岡　一　成
製本・印刷　株式会社 シ　ナ　ノ

発 行 所／株式会社 恒星社厚生閣
〒160-0008　東京都新宿区三栄町8
TEL:03(3359)7371/FAX:03(3359)7375
http://www.kouseisha.com/

（定価はカバーに表示）

ISBN978-4-7699-1227-9　C3044

続々刊行予定　EINSTEIN SERIES

A5 判・各巻予価 3,300 円

- **vol.1　星空の歩き方**
  ―今すぐできる天文入門
  渡部義弥 著

- **vol.2　太陽系を解読せよ**
  ―太陽系の物理科学
  浜根寿彦 著

- **vol.3　ミレニアムの太陽**
  ―新世紀の太陽像
  川上新吾 著

- **vol.4　星は散り際が美しい**
  ―恒星の進化とその終末
  山岡 均 著

- **vol.5　宇宙の灯台** パルサー
  184 頁・3,465 円（税込）
  柴田晋平 著

- **vol.6　ブラックホールは怖くない？**
  ―ブラックホール天文学基礎編
  192 頁・3,465 円（税込）
  福江 純 著

- **vol.7　ブラックホールを飼いならす！**
  ―ブラックホール天文学応用編
  184 頁・3,465 円（税込）
  福江 純 著

- **vol.8　星の揺りかご**
  ―星誕生の実況中継
  油井由香利 著

- **vol.9　活きている銀河たち**
  ―銀河天文学入門
  184 頁・3,465 円（税込）
  富田晃彦 著

- **vol.10　銀河モンスターの謎**
  ―最新活動銀河学
  福江 純 著

- **vol.11　宇宙の一生**
  ―最新宇宙像に迫る
  176 頁・3,465 円（税込）
  釜谷秀幸 著

- **vol.12　歴史を揺るがした星々**
  ―天文歴史の世界
  232 頁・3,465 円（税込）
  作花一志・福江 純 編

- **別 巻　宇宙のすがた**
  ―観測天文学の初歩
  富田晃彦 著

タイトル，価格には変更の可能性があります．